MIX
Papier aus verantwortungsvollen Quellen
Paper from responsible sources
FSC® C105338

Julia Bultmann

Wie die Gentechnik
den Maisanbau in Mexiko bedroht

Eine Studie über die rechtlichen,
biologischen und sozio-ökonomischen Folgen

Bachelor + Master
Publishing

Bultmann, Julia: Wie die Gentechnik den Maisanbau in Mexiko bedroht: Eine Studie über die rechtlichen, biologischen und sozio-ökonomischen Folgen, Hamburg, Bachelor + Master Publishing 2013
Originaltitel der Abschlussarbeit: Gefahren der Gentechnik für den Maisanbau in Mexiko

Buch-ISBN: 978-3-95549-471-1
PDF-eBook-ISBN: 978-3-95549-971-6
Druck/Herstellung: Bachelor + Master Publishing, Hamburg, 2013
Covermotiv: © Kobes · Fotolia.com
Zugl. Universität Passau, Passau, Deutschland, Bachelorarbeit, Mai 2010

Bibliografische Information der Deutschen Nationalbibliothek:
Die Deutsche Nationalbibliothek verzeichnet diese Publikation in der Deutschen Nationalbibliografie; detaillierte bibliografische Daten sind im Internet über http://dnb.d-nb.de abrufbar.

Das Werk einschließlich aller seiner Teile ist urheberrechtlich geschützt. Jede Verwertung außerhalb der Grenzen des Urheberrechtsgesetzes ist ohne Zustimmung des Verlages unzulässig und strafbar. Dies gilt insbesondere für Vervielfältigungen, Übersetzungen, Mikroverfilmungen und die Einspeicherung und Bearbeitung in elektronischen Systemen.

Die Wiedergabe von Gebrauchsnamen, Handelsnamen, Warenbezeichnungen usw. in diesem Werk berechtigt auch ohne besondere Kennzeichnung nicht zu der Annahme, dass solche Namen im Sinne der Warenzeichen- und Markenschutz-Gesetzgebung als frei zu betrachten wären und daher von jedermann benutzt werden dürften.

Die Informationen in diesem Werk wurden mit Sorgfalt erarbeitet. Dennoch können Fehler nicht vollständig ausgeschlossen werden und die Diplomica Verlag GmbH, die Autoren oder Übersetzer übernehmen keine juristische Verantwortung oder irgendeine Haftung für evtl. verbliebene fehlerhafte Angaben und deren Folgen.

Alle Rechte vorbehalten

© Bachelor + Master Publishing, Imprint der Diplomica Verlag GmbH
Hermannstal 119k, 22119 Hamburg
http://www.diplomica-verlag.de, Hamburg 2013
Printed in Germany

Inhalt

I.   Abkürzungsverzeichnis 2

II.   Abbildungsverzeichnis 3

1.   Zukünftige Legalisierung der Gentechnik in Mexiko? 5

2.   Entwicklung des Maisanbaus in Mexiko 7

    2.1   Die Geschichte des Maisanbaus – von den Mayas bis zum 21. Jahrhundert 8

    2.2   Die Folgen des Beitritts Mexikos zu NAFTA 1994 14

    2.3   Die Tortilla-Krise 17

3.   Gefahren der Gentechnik – biologische und rechtliche Grundlagen 19

    3.1   Biologische Grundlagen 19

        3.1.1   Die Maispflanze 19

            3.1.1.1   OPV 20

            3.1.1.2   Hybridmais 21

        3.1.2   Gentechnisch veränderter Mais 21

        3.1.3   Gentechnisch veränderter Mais und Biodiversität 22

    3.2   Rechtliche Grundlagen 25

        3.2.1   Geistige Eigentumsrechte in der mexikanischen Landwirtschaft 25

        3.2.2   Die Agrarindustrie und die mexikanischen Bauern 29

4.   Sozio-ökonomische Konsequenzen für den Maisanbau in Mexiko 33

5.   Ausblick 37

III.   Bibliografie 39

I. Abkürzungsverzeichnis

Bt-Mais	Bacillus thuringiensis-Mais
BT-Pflanzen	Bacillus thuringiensis-Pflanzen
CBD	Convention on Biological Diversity
CCA	la Comisión para la Cooperación Ambiental
CIMMYT	International Maize and Wheat Improvement Centre
CRIIGEN	Committee for Independent Research and Information on Genetic Engineering
DNA	Desoxyribonukleinsäure
GMO	Genetically Modified Organism
gv-Mais	gentechnisch veränderter Mais
GVO	Gentechnisch veränderter Organismus
HR-Pflanzen	herbizid-resistente Pflanzen
IDB	Interamerikanischen Entwicklungsbank
NAFTA	North American Free Trade Agreement
NGOs	Nichtregierungsorganisationen
OPV	Open pollinated variety
PPP	Plan Puebla-Panama
PROEMAR	Programa Especial de Maíz de Alto Rendimiento
TRIPs	Trade-Related Aspects of Intellectual Property Rights
UPOV	International Union for the Protection of New Varieties of Plants
WTO	World Trade Organisation

II.   Abbildungsverzeichnis

1.   Verhältnis zwischen mexikanischer Maisproduktion und Import aus den USA in
     Abhängigkeit des Bevölkerungswachstums   14

2.   Entwicklung des Maispreises in Mexiko seit dem Beitritt zum Nordamerikanischen
     Freihandelsabkommen   15

3.   Entwicklung der Armut in Mexiko seit dem Beitritt zum Nordamerikanischen
     Freihandelsabkommen   15

4.   Anteil an gentechnisch verändertem Mais an der Gesamtproduktion in den USA
     in %   25

1. Zukünftige Legalisierung der Gentechnik in Mexiko?

Después de una moratoria de 11 años, el gobierno mexicano autorizó 15 solicitudes para sembrar maíz genéticamente modificado, una decisión que causó polémica entre académicos y grupos ambientalistas por el efecto que tendría en variedades nativas (Najar: *Polémica por maíz transgénico en México*).

[Nach einem 11 Jahre andauernden Moratorium hat die mexikanische Regierung 15 Anträge für eine Aussaat gentechnisch veränderter Maissorten genehmigt, eine Entscheidung welche bei Wissenschaftlern und Umweltgruppen große Auseinandersetzungen wegen der möglichen Auswirkungen auf die konventionellen Sorten verursachte.]

Dieses Zitat bezieht sich auf Geschehnisse im Jahre 2009. Elf Jahre zuvor, 1998, wurde der Anbau gentechnisch veränderter Maissorten in Mexiko verboten, nachdem Landwirte und Umweltgruppen verstärkt Druck auf die Regierung ausgeübt hatten, die konventionellen Maissorten durch ein Moratorium vor einer Kontamination zu schützen. Die Maispflanze komme ursprünglich aus Mexiko, so die weitgehende Argumentation, und sei wichtiger Bestandteil der mexikanischen Kultur und Geschichte.

Nach Ablauf des Moratoriums im September 2009 wurde der probeweise Anbau gentechnisch veränderter Maissorten von der Regierung legalisiert, was zu erneuten, heftigen Debatten zwischen Wissenschaftlern, Umweltgruppen und Bauernverbänden geführt hat. Im Zentrum der Diskussion steht dabei vor allem die Gefahr, welche mit einer Einführung von gentechnisch verändertem Mais für die konventionellen Sorten sowie für die Biodiversität des Landes verbunden ist. Des Weiteren wird der Regierung vorgeworfen, sich von agrarindustriellen Unternehmen unter Druck gesetzt haben zu lassen; neun der 15 genehmigten Anträge für einen Anbau gentechnisch veränderter Sorten wurden von dem US-amerikanischen Agrarkonzern Monsanto gestellt (vgl. ebd.).

Der Ablauf des Moratoriums sowie die Legalisierung eines probeweisen Anbaus gentechnisch veränderter Maissorten machen eine Auseinandersetzung mit den damit verbundenen Gefahren zu einem wichtigen und aktuellen Thema. In dieser Arbeit werden zuerst die wichtigsten Entwicklungen der landwirtschaftlichen Strukturen Mexikos von den Zeiten der Maya bis heute und die für die Tortilla-Krise relevanten Zusammenhänge erklärt, welche zu einer Legalisierung der Gentechnik durch die Regierung geführt haben. Der zweite Teil der Arbeit analysiert mögliche Gefahren, die mit einer Legalisierung der Gentechnik für den Maisanbau einhergehen. Eine Einführung in die biologischen Grundlagen soll dabei zeigen, weshalb eine Koexistenz von konventionellen Sorten und von gentechnisch veränderten Sorten nicht möglich ist, und welche Folgen sich dadurch für die mexikanische Biodiversität ergeben. Anschließend werden die rechtlichen Grundlagen dargestellt, um eine durch die Gentechnik entstehende Abhängigkeit zwischen Bauern und agrarindustriellen Konzernen zu erklären. Letztendlich werden die sozio-ökonomischen Konsequenzen der Einführung der Gentechnik für den Maisanbau in Mexiko beleuchtet. Die Veranschaulichung der entstehenden Problematik zwischen mexikanischen Maisbauern sowie Agrarkonzernen beschränkt sich in dieser Arbeit auf das Unternehmen Monsanto, welches die meisten Anträge für einen probeweisen Anbau gentechnisch veränderter Sorten in Mexiko gestellt hat und Mexiko schon im Jahre 2005 als „das Mega-Land der Biotechnologie" bezeichnet hat (von Kovatsits: *Mexiko öffnet sich weiter der Gentechnik*).

2. Entwicklung des Maisanbaus in Mexiko

"Corn is indigenous to Mexico; it is the principal food staple, and it is heavily engrained in national culture" (Rivera 2009: 89).

Zwei Tonnen Mais pro Hektar werden in Mexiko durchschnittlich geerntet. Das Saatgut gelber und weißer Maissorten wird von den Bauern in den Frühlingsmonaten bis zum Frühsommer ausgesät. Die breite Vielfalt der lokalen Sorten ist an die Umweltbedingungen in Mexiko, insbesondere an die Regenzeit zwischen Mai und Oktober, angepasst. Die Ernte findet zwischen September und Januar statt. Circa 50% der gesamten Maisproduktion werden in vier der 31 mexikanischen Bundesstaaten angebaut. Die circa 2,7 Millionen Maisbauern, welche 67,5% der mexikanischen Landwirte ausmachen, können in zwei Gruppen unterteilt werden. Die landwirtschaftlichen Flächen werden in Mexiko weitgehend von Kleinbauern kultiviert. Zwei Drittel dieser Kleinbauern haben eine Landfläche von weniger als fünf Hektar zur Verfügung und erreichen einen durchschnittlichen Ernteertrag von circa 1,8 Tonnen pro Hektar, von welchem circa 57% für den eigenen Konsum benötigt werden. Lediglich ein Drittel der Bauern besitzt größere Landflächen, erntet durchschnittlich 3,2 Tonnen pro Hektar und nutzt circa 13,6% der Maisernte zur Selbstversorgung (vgl. ebd.: 89 f.).

Der Maisanbau in Mexiko fand seinen Anfang um das Jahr 5000 v. Chr. und schon im Jahre 2300 v. Chr. stellte Mais circa 50% der Nahrung für die Bewohner erster fester Siedlungen dar (vgl. Riese 1972: 13). Auch heute noch wird Mais traditionell angebaut und ist, damals wie heute, als Grundnahrungsmittel wichtiger Bestandteil der nationalen Lebensgrundlage. Da seit mehreren Jahrzehnten die mexikanische Maisernte zur Deckung der nationalen Nachfrage nicht mehr ausreichend ist, wird etwa ein Viertel des Bedarfs durch den Import aus den Vereinigten Staaten gedeckt. Heute gehört Mais neben Zucker zu den Haupterzeugnissen der mexikanischen Agrarwirtschaft. Im Jahre 2007 wurden in Mexiko 52 Millionen Tonnen Zucker auf einer Fläche von circa 700 000 Hektar produziert, 23 Millionen Tonnen Mais wurden auf über sieben Millionen Hektar Land geerntet (vgl. FAOSTAT: agricultural *production* domain: *area harvested, production quantity* of *maize* and *sugar cane*). Im Jahre 2009 stieg die Menge an aus den Vereinigten Staaten importiertem Mais von 7,7 auf 9 Millionen Tonnen im Vergleich zum Vorjahr an, wohingegen der Ernteertrag der mexikanischen Eigenproduktion von 2008 auf das Jahr 2009 von 25 Millionen Tonnen auf 22,5 Millionen Tonnen erheblich gesunken war (vgl. Toepfer International: *Statistische Informationen zum Getreide- und Futtermittelmarkt Edition Dezember 2009*).

2.1 Die Geschichte des Maisanbaus – von den Mayas bis zum 21. Jahrhundert

Im Folgenden wird dargestellt, welche Bedeutung dem nationalen Maisanbau, insbesondere für die ländliche Bevölkerung, zukommt. Es werden die Umstände erklärt, welche im Jahre 2007 in Mexiko zur Tortilla-Krise und zwei Jahre später zu einer Legalisierung des versuchsweisen Anbaus gentechnisch veränderter Maissorten in Mexiko geführt haben.

Die heutigen Strukturen des Maisanbaus in Mexiko sind in der geschichtlichen Entwicklung des Landes begründet und finden ihren Anfang in der Kultur sowie in der Religion der Maya, welche das Wissen um die verschiedenen Maissorten, die Anbauformen sowie die religiösen Traditionen von Generation zu Generation weitergegeben haben.

> Hinter der Geschichte des Mais standen in prähistorischen Zeiten Menschen, die ihr Saatgut offensichtlich verehrten. Der Mais war den altamerikanischen Völkern Mesoamerikas heilig. Ein Geschenk der Götter war er und das Mittel zum Leben. Bis zum heutigen Tag kennen die *campesinos* in Mesoamerika Hunderte von Pflanzen, ihre Eigenschaften und kurative Wirkungen. Der Mais aber steht im Zentrum der meisten Rituale, die mit der agrikulturellen Lebensweise dieser Region verbunden sind (Kaller-Dietrich 2001: 32).

Mais hatte zu Zeiten der Maya eine sehr große kulturelle und religiöse Bedeutung. Je nach Reifegrad wurde die Maispflanze namentlich differenziert, eine Vielzahl von Gerichten zubereitet und verschiedenen Gottheiten zugeordnet. In dem heiligen Buch der Maya-Völker *Kiché* und *Kakchikel*, dem *Pop Wuj*, beschreibt der Schöpfungsmythos drei Versuche der Muttergöttin Ixmukané den Menschen zu schaffen; erst nachdem sie beim vierten Versuch vier Männer und vier Frauen aus gelbem und weißem Mais geformt hatte, war sie mit dem Ergebnis zufrieden. Diese Menschen waren, der Legende nach, den Göttern dankbar für ihre Erschaffung und das ihnen gegebene Leben.

> Ist es ein Wunder, daß die Genesis der altamerikanischen Überlieferung annimmt, daß die ersten Menschen aus Maisteig geformt wurden? Nicht aus Lehm, nicht aus Holz; nur die Maismenschen vermochten die Göttlichen zu verehren, zu sprechen und zu singen (Kaller-Dietrich & Ingruber 2001: 9).

Da die Götter jedoch Sorge hatten, diese Menschen könnten zu weise geraten und ihnen so ebenbürtig sein, verschleierten sie den Menschen die Augen und beschränkten ihr Wissen und ihre Weisheit. Den Farben des Mais entsprechend, der je nach Sorte die Farben Weiß, Grau, Blau, Gelb, Rosa, Rot oder Braun annehmen kann, schufen sie Menschen verschiedener Hautfarben (vgl. García Acosta 2001: 67). Mais war die Speise der Götter und der Ursprung des Lebens. Durch den Verzehr von Mais entstand die Lebenskraft, auch das Herz und das Blut der Menschen waren aus Mais geformt. Regelmäßige Fürbitten, Opfergaben und Arbeit erbaten jedes Jahr aufs Neue die Gnade der Götter, das Leben der Menschen durch eine gute Maisernte zu schützen. Der Kalender der Maya bestimmte die Einteilung jedes Jahres in Fest- und Opferzeiten und regelte die saisonalen Speisen (vgl. Kaller-Dietrich 2001: 32 f.). Das Wissen um diejenigen Landsorten, welche sich bereits an die jeweiligen Umweltbedingungen angepasst haben, wurde von Generation zu Generation weitergereicht. Um das

Risiko eines schlechten Ertrags zu minieren wird noch heute Mais zu unterschiedlichen Zeiten gepflanzt (vgl. Zietz & Seals 2006: 4 f.).

> Auf einer *milpa*, dem Feld, stehen Maispflanzen unterschiedlichster Größe und Farbe, dazwischen Bohnen, Kürbisse, Tomaten, Blattgemüse (*quelites*), gelegentlich Kartoffeln. Der Mais reift als letzte Pflanze der Saison aus. Die Stengel werden geknickt und der Kolben bleibt am Feld, das als Vorratskammer über die Trockenzeit hinweghilft. Kein Tag, kein Essen, kein Leben ohne den Mais (Kaller-Dietrich & Ingruber 2001: 9).

Der Tagesablauf der indigenen Bevölkerung[1] [*Indígenas*] Mexikos wird auch heute noch weitgehend durch den Anbau und die Ernte von Mais bestimmt. Die Bäuerinnen der *Chol-Mayas*, beispielsweise, mahlen dreimal täglich Mais, um anschließend aus dem gewonnenen Maismehl verschiedene Speisen zuzubereiten. Für sie ist die Pflege der Maiskultur gleichbedeutend mit der Weitereichung von Sprache und von ethischen Werten (vgl. Vogl, Raab & Vogl-Lukasser 2001: 43).

Die Eroberung Mexikos durch die Spanier im 16. Jahrhundert brachte auch in Bezug auf den Maisanbau erhebliche Veränderungen mit sich. Die Konfrontation der europäischen Zuckerkultur und der Maiskultur der Maya führte zu einem Kampf um Nutzflächen und Eigentum. Große Teile der mexikanischen Nutzfläche wurden an spanische Siedler verteilt, und der traditionelle Maisanbau der indigenen Bevölkerung wurde zugunsten extensiver Weidewirtschaft und der Kultivierung europäischer Pflanzen verdrängt. Die großflächigen Waldrodungen beeinflussten das ökologische Gleichgewicht der Nutzflächen und hatten einen Rückgang der Vegetation zur Folge. Diese Umverteilung von landwirtschaftlichen Nutzflächen wurde durch den mexikanischen Unabhängigkeitskrieg im 18. Jahrhundert verstärkt, als kirchlicher Besitz enteignet und an spanisch-stämmige Großgrundbesitzer verteilt wurde (vgl. Sander 1999: 228). Zum Höhepunkt des Mais-Zucker-Konflikts kam es gegen Ende des 19. Jahrhunderts, als der autoritäre mexikanische Präsident Porfirio Díaz weitere Kleinbauern enteignete, um so durch die Bildung großer Plantagen, den sogenannten *Haciendas*, die Produktion von Exportgütern voranzutreiben. „Die Zuckerhaciendas waren auf dem besten Wege, das zu verwirklichen, wovon die Zuckerhacendados nur geträumt hatten: das ehemalige Maisparadies der Indios in ein Zuckerparadies zu verwandeln" (Beck 1986: 120).

Die starke Herausbildung von monokulturellen Großbetrieben während der 40-jährigen Herrschaft von Porfirio Diaz und die gleichzeitig stattfindende Auflösung kleinbäuerlicher Betriebe beeinflusste die Entwicklung der landwirtschaftlichen Strukturen erheblich. Viele ehemalige Kleinbauern, insbesondere indigene, waren zu besitzlosen Landarbeitern verarmt und wurden zur Arbeit in der Viehwirtschaft oder auf den Zucker- oder Kaffeeplantagen gezwungen. So lebten fast 50% der mexikanischen Bevölkerung auf *Haciendas*. Da die sozialen Verhältnisse des Landes und Diaz exportintensive Wirtschaftspolitik für breite Teile der Bevölkerung mit

---

[1]Mexiko hat etwa 103,1 Millionen Einwohner (Stand 2006). Davon sind circa 60% Mestizen (Nachkommen von Weißen (Europäern) und von indigenen Völkern Mexikos), circa 30% Indígenas, circa 9% Weiße und 1% Andere (vgl. The World Factbook, CIA: *Mexico*).

erheblichen Nachteilen verbunden waren, löste der Konflikt um den diktatorischen Herrscher im Jahre 1910 die Mexikanische Revolution aus. Oppositionelle Gruppen organisierten Aufstände und es kam zu gewaltsamen Auseinandersetzungen zwischen Aufständischen und Regierungstruppen. Die Revolutionäre, welche von Emiliano Zapata unter dem Motto *¡Tierra y Libertad!* [Land und Freiheit] angeführt wurden, forderten eine Verbesserung der sozialen Strukturen durch die Umverteilung des Landes zugunsten der ärmeren, insbesondere der indigenen Bevölkerung. Dieser Forderung kam die Regierung im Jahre 1917 mit einer Agrarreform nach. Land, welches den Bauern unrechtmäßig genommen worden war, musste von den Großgrundbesitzern an die Kommunen für eine gemeinschaftliche Bewirtschaftung zurückgegeben werden und privaten Nutzflächen wurden Größenbeschränkungen auferlegt (vgl. Sander 1999: 228 f.). Die Umstellung auf bäuerliche Kleinbetriebe war auch deshalb vonnöten, da Mitte der 30er Jahre des 20. Jahrhunderts das Land industriell umstrukturiert werden musste. Der durch Diaz geförderte intensive Handel mit den Industrienationen wurde aufgrund der Ende der 1920er Jahre einsetzenden Weltwirtschaftskrise zunehmend unrentabel, und der Exporthandel musste zugunsten einer Eigenversorgung durch landwirtschaftliche Produkte eingeschränkt werden (vgl. ebd.).

In den ersten Jahren nach der Revolution änderten sich die landwirtschaftlichen Besitzverhältnisse nur langsam. Einige Großgrundbesitzer teilten ihren Landbesitz unter Familienmitgliedern auf, um den Größenbeschränkungen zu entgehen sowie ihren Besitz zu behalten und weiterhin gemeinschaftlich bewirtschaften zu können. Auch Politiker, welche selbst *Haciendas* besaßen, ließen sich mit der Verteilung ihres Landes Zeit. Erst unter dem folgenden Präsidenten Lázaro Cárdenas wurden zwischen 1934 und 1940 über 18 Millionen Hektar an circa 700 000 Bauern verteilt, was 30% derjenigen ausmachte, welchen entsprechend der Agrarreform Land zustand. Eine weitere intensive Phase der Umverteilung fand zwischen 1964 und 1970 unter dem Präsidenten Díaz Ordaz statt, als etwa 25 Millionen Hektar Land an 300 000 Bauern verteilt wurden. Im Zuge dessen wurden jedem Bauern durchschnittlich etwa 90 Hektar Land zugesprochen. Diese verhältnismäßig große Landfläche pro Bauer erklärt sich durch die weitgehende Verteilung von Böden mit schlechter Nutzbarkeit. Im Jahre 1985 wurde die Verteilung wegen einer entstehenden Knappheit von Nutzflächen sowie mangelnder Produktivität schließlich eingestellt. Mit der wachsenden Bevölkerung erwarteten immer mehr Bauern eine Zuteilung von Nutzflächen und die Hälfte der landwirtschaftlichen Nutzflächen Mexikos war inzwischen verteilt. Insgesamt haben in den Jahren 1920 bis 1985 2,5 Millionen Bauern Nutzflächen erhalten (vgl. ebd.: 230 f.). Die Zuteilung der Landflächen erfolgte in der traditionell indianischen Form des *Ejido*, ein kommunaler Grundbesitz, der jedoch individuell genutzt werden kann. Dieser wurde unter anderem eingeführt, um einer weiteren Diskriminierung der altindianischen Tradition vorzubeugen, was der Ideologie der zuvor geführten Revolution entgegenkam. Doch

> wäre es wirklich um die Wiederherstellung der altindianischen Ejidos gegangen, so hätten diese
> den indianischen Stammesfürsten zurückgegeben werden müssen mit allen tributären Rechten

aus aztekischer Tradition, die man in spanischer Zeit ja gerade überwunden zu haben stolz war (ebd.: 229).

In der neuen Variante ging es um eine reine Verteilung von Land. Die bäuerlichen Kleinbetriebe wurden entsprechend der Nutzung konzipiert: Das Individual-*Ejido* besteht aus einer Parzelle, welche dem *Ejidatario* (dem Besitzer der Parzelle) zur eigenverantwortlichen Bestellung übergeben wird. Das Kollektiv-*Ejido* ist in gemeinschaftlichem Besitz einer *Ejido*-Gemeinschaft und wird in einer Produktionskooperation bebaut (vgl. ebd.: 229). Die Anzahl von Kollektiv-*Ejidos* ist kurz nach ihrer Einführung wieder stark gesunken, weil der Nachfolger des mexikanischen Präsidenten Lázaro Cardenas, Manuel Ávila Camacho, den Aufbau und die Erhaltung privatisierter Großgrundbetriebe weitgehend unterstützte. Dem daraus entstehenden Produktionswettbewerb konnten die Gemeinschafts-*Ejidos* nicht standhalten.

Der Aufbau kleinbäuerlicher Produktionseinheiten auf der einen Seite sowie die Herausbildung beziehungsweise teilweise Erhaltung von Großgrundbetrieben auf der anderen Seite, haben sich besonders in der Zeit nach der Revolution als eine sich gegenseitig hemmende Entwicklung herausgestellt. Während Anfang der 1950er Jahre der Bedarf an landwirtschaftlichen Gütern in Mexiko durch die eigene Produktion gedeckt werden konnte, war die mexikanische Agrarwirtschaft anschließend nicht mehr in der Lage, dem stetigen Bevölkerungswachstum standzuhalten (vgl. ebd.). Die Verteilung der Nutzflächen sowie die Belastbarkeit der Böden, die durch die extensive Weidewirtschaft gesunken war, setzen den Nutzungsmöglichkeiten der *Ejidatarios* enge Grenzen. Während einerseits die Produktion der Landwirtschaft für eine Finanzierung der Familie und des Haushaltes oft nicht ausreichte, konnte sich andererseits der privatisierte Großgrundbetrieb nicht ausreichend entwickeln, da etwa die Hälfte des Nutzlandes nationalisiert und den Bauern übergeben worden war (vgl. ebd.).

Allgemein ausgedrückt: Beginnt die Ernte beispielsweise wegen Überbelastung des Bodens zu stagnieren, wird ein Teil der bäuerlichen Familie zur Aufnahme einer zusätzlichen Lohnarbeit gezwungen oder in eine Vertragsproduktion gedrängt (Bennholdt-Thomsen 1982: 11). Die Industrialisierung des Landes führte weiterhin zu einem erhöhten Produktionswettbewerb, dem viele Bauern nicht standhalten konnten, und der zu ihrer Verarmung führte. Die heutige Situation der Mehrheit der mexikanischen Bauern lässt sich durch drei typische Konstellationen beschreiben:

Hat ein mexikanischer Bauer einen reinen *cash-crop*[2] Anbau, finanziert er das benötigte verbesserte Saatgut,[3] die Düngemittel und Pestizide häufig über einen Kredit, welcher über staatliche Entwicklungsbehörden aufgenommen werden kann. Um den Kredit zurückzahlen und die Kreditvertragsbedingungen erfüllen zu können, muss häufig die gesamte Ernte ver-

---

[2] *Cash crop* bezeichnet den Anbau von Pflanzen zu Vermarktungs- oder Exportzwecken (vgl. Geografie Lexikon: *Cash Crop*).
[3] Die Bezeichnung *verbessertes Saatgut* bezieht sich auf Saatgut, welches zu höheren Ertragszwecken oder zur Erhaltung bestimmter Resistenzen gentechnisch verändert oder zu Hybriden gezüchtet wurde. In diesem Fall handelt es sich um Hybridsaatgut. Siehe dazu auch Kapitel 3.1.1.2.

kauft werden. Bei diesem Anbau von Mais zu Profitzwecken, versucht der Bauer als Unternehmer etwaige Produktionsüberschüsse zu verkaufen. Betreibt ein Bauer hingegen Subsistenzwirtschaft und hat in der Regel nur wenig Landbesitz oder nur wenig nutzbare Fläche zur Verfügung, sucht sich ein Teil der Familie zur Unterstützung der familiären Existenz eine Lohnarbeit. Oder die ganze Familie zieht von Ernte zu Ernte und verdient ihr Geld durch landwirtschaftliche Wanderlohnarbeit. Eine Abwanderung in die Stadt bedeutet für die meisten Familien wiederum ein Leben in Slums. Der Lebensbedarf kann hier oft nur durch Hilfsarbeit, selbstständige Dienstleistung oder durch den Verkauf kleiner Waren gesichert werden. Im dritten und letzten Fall entscheiden sich ehemalige Wanderlohnarbeiter, zum eigenen Maisanbau zurückzukehren. „Am spektakulärsten sind dabei die Aktionen der Wanderlohnarbeiter, die versuchen, sich durch Besetzungen ein Stück Land zu erkämpfen" (ebd.).

Mexikanische Bauern können nur schwer Kreditwürdigkeit erlangen. Das Land, welches nicht Eigentum der Bauern, sondern der Kommunen ist, kann nur selten mit einer Hypothek belastet werden. Dies erschwert eine Modernisierung oder eine Umstrukturierung hin zu einem profitorientierten Unternehmertum. Des Weiteren ist eine Steigerung des Ernteertrags mit hohen Aufwendungen verbunden. Ständiger Wassermangel, bodenschädigende Produktionsmethoden, mangelndes Wissen über die Verwendung von Dünger und Pestiziden führen zu suboptimaler Nutzbarkeit des zur Verfügung stehenden Bodens; eine Vertragsabhängigkeit führt in vielen Fällen zu einer zusätzlichen Verschlechterung der ökonomischen Lage (vgl. ebd.).

> Es sind also die gesamtwirtschaftlichen Zusammenhänge und die Art der Integration der Bauern in diese, welche zur Verschlechterung der bäuerlichen Lebenssituation führen (ebd.).

Die Gefahr einer Destabilisierung der eigenen Situation und der oft sehr geringe Ernteertrag führen zu der Aufnahme von Lohnarbeit sowie der Erhaltung der eigenen Parzelle für den Eigenkonsum. Denn „wie ruinös die Bedingungen für die Bauern sein mögen – die Parzelle stellt dennoch eine Existenzsicherung dar, an die sie sich unter den gegebenen Verhältnissen notwendigerweise klammern müssen" (ebd.: 14). Die gegebenen Umstände und das Fehlen von Alternativen auf dem mexikanischen Arbeitsmarkt führen dazu, dass mexikanische Bauern eine geeignete Kombination aus eigener Subsistenzwirtschaft und aufgenommener Lohnarbeit finden müssen (ebd.).

Heute findet sich ein Großteil der Bauern in dem zweiten der soeben vorgestellten Fälle wieder. Während in Zeiten der Mayakultur die *milpa*, das Landwirtschaftssystem der Maya, den Anbau von Mais, Bohnen und Kürbissen vorsah, haben sich in der heutigen mexikanischen Landwirtschaft Mais-Monokulturen[4] herausgebildet, und bringen Veränderungen der

---

[4]Monokulturen bezeichnen Felder, auf welchen nur eine Pflanzensorte bestellt wird. Dies erscheint zumindest kurzfristig als wirtschaftlich sinnvoll, es werden jedoch dem Boden einseitig Nährstoffe entzogen, was ihm dauerhaft seine Fruchtbarkeit nimmt und ihn anfälliger für Schädlinge und Krankheiten macht. Um den gleichen Ertrag gewährleisten zu können, ist dauerhaft ein erhöhter Einsatz von Kunstdünger sowie Pestiziden notwendig (vgl. Umwelt-Lexikon: *Monokultur*).

Fruchtfolgen,[5] der Schädlingsbekämpfung und der Methoden nachhaltiger Landwirtschaft mit sich (vgl. Chavero 2001: 77 f.). Die Umstellung auf eine Mais-Monokultur macht es insbesondere bei Subsistenzwirtschaft nötig, durch zusätzlichen Lohnerwerb eine annähernd ausgewogene Ernährung der Familie sicherzustellen. Zusätzlich dazu zwingt die sinkende Versorgbarkeit durch die eigene Agrarwirtschaft zur Aufnahme zusätzlicher Tätigkeiten zum Lohnerwerb (vgl. ebd.). Hierfür wird eine Vielzahl von Tätigkeiten genutzt, welche sich im Laufe der Jahrzehnte unter anderem durch die Industrialisierung des Landes herausgebildet haben. Heute besteht die Arbeitswelt der mexikanischen Bevölkerung aus einer Überlagerung komplexer Strukturen, aus einer großen Vielfalt agrarischer sowie nichtagrarischer Tätigkeiten. Eine klare Grenzziehung zwischen ländlichen und städtischen Gegenden ist kaum möglich, da zahlreichen Kombinationen von Tätigkeiten – teils in Heimarbeit und teils durch tägliches Pendeln – zwischen städtischen und ländlichen Gegenden nachgegangen wird.

> Diese Phänomene, die sich während der letzten Jahrzehnte in den ländlichen Gebieten Lateinamerikas zunehmend beobachten lassen, zeugen von der Schwierigkeit, am Konzept einer einfachen Dichotomie zwischen Stadt und Land, zwischen Industrie und Landwirtschaft, zwischen Moderne und Tradition festzuhalten, um derart stark diversifizierte ländliche Gesellschaften, wie wir sie heute vorfinden, beschreiben zu können (ebd.: 78).

Zudem stellen die breite Palette an Beschäftigungsmöglichkeiten der Bevölkerung in der Fertigungsindustrie, im Handel, in der Landwirtschaft sowie in der Ausübung von Dienstleistungen und die damit verbundene Mobilität Vorteile für die Unternehmen dar. Durch eine Verlagerung der Produktion von Gütern in ländliche Gebiete können Produktions- und Lohnnebenkosten gespart werden, da Maschinen und Werkzeuge sowie Energie und Wasser von den arbeitenden Familien übernommen werden. „Während man bislang eine Migration der Arbeitskräfte in die Städte feststellen konnte, erhöht heute die Industrie ihre Präsenz in ganz Lateinamerika gerade im ländlichen Milieu" (ebd.: 79).

Zu Beginn der 1990er Jahre wurde im Agrarsektor von 40% aller Erwerbstätigen nur noch 8% des Bruttoinlandsprodukts erwirtschaftet (vgl. Sander 1999: 235). Präsident Salinas de Gortari erließ im Jahre 1992 daher eine erneute Agrarreform, welche eine zunehmende Privatisierung der Landparzellen vorsah, um

> den Weg für Produktivitätserhöhungen im Stil der privatwirtschaftlichen Mittel- und Großbetriebe freizumachen. Angestrebt werden auch eine Verschiebung der Betriebsgrößenstruktur nach oben hin und die Anlockung von Kapital für Investitionen zur allgemeinen Erneuerung und Rationalisierung des Agrarsektors (ebd.: 235).

Bemühungen für eine Umstrukturierung des mexikanischen Agrarsektors seitens der Regierung blieben jedoch weitgehend aus, und die Umorientierung der Regierung von einer Stärkung der inländischen Produktion hin zu einem Ausbau des Freihandels wurde durch den Beitritt Mexikos 1994 zur Nordamerikanischen Freihandelszone deutlich (vgl. ebd.).

---

[5]Eine Fruchtfolge bezeichnet den Anbau von Mischkulturen oder einen regelmäßigen Fruchtwechsel. Hiermit wird den Folgen von Monokulturen vorgebeugt (vgl. Der Bio-Gärtner: *Fruchtwechsel*).

2.2 Die Folgen des Beitritts Mexikos zu NAFTA 1994

Seit den 1950er Jahren konnte der Bedarf an landwirtschaftlichen Erzeugnissen in Mexiko unter anderem wegen des starken Bevölkerungswachstums nicht mehr gedeckt werden. Durch die steigende Nachfrage nach Grundnahrungsmitteln, insbesondere nach Mais, wurde der Import größerer Mengen landwirtschaftlicher Erzeugnisse erforderlich. Die Deckung des Bedarfs an Agrarprodukten durch die Vereinigten Staaten hatte eine verstärkte Importabhängigkeit zur Folge. Die folgende Grafik zeigt, wie sich das Verhältnis zwischen der Eigenproduktion und dem Import in Abhängigkeit des Bevölkerungswachstums seit Anfang der 1990er Jahre bis heute entwickelt hat:

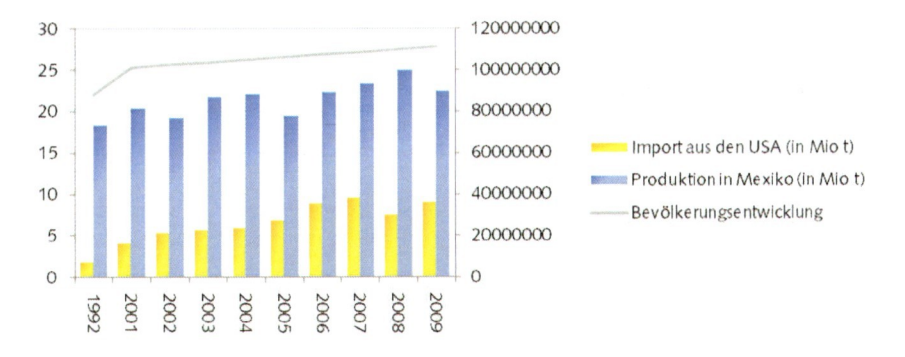

Abbildung 1: Verhältnis zwischen mexikanischer Maisproduktion und Import aus den USA in Abhängigkeit des Bevölkerungswachstums (vgl. Toepfer International: *Statistische Informationen zum Getreide- und Futtermittelmarkt Edition Dezember 2009*; U.S. Census Bureau, International Data Base (IDB), *Mexico Demographic Indicators*).

Es wird deutlich, dass die mexikanische Nachfrage an Mais durch einen steigenden Anteil an importiertem Mais gedeckt wird. Das Volumen der innerstaatlichen Maisproduktion von den 1990er Jahren bis 2008 ist von 8,7 Millionen Tonnen auf 25 Millionen Tonnen, sowie die Importmenge aus den Vereinigten Staaten von 2,7 auf 7,5 Millionen Tonnen gestiegen. Die vermehrte Deckung der nationalen Nachfrage durch Import hat eine verstärkte Abhängigkeit von transnationalen Marktpreisen zur Folge. Wie stark die Entwicklung des Maispreises in Mexiko durch das North American Free Trade Agreement (NAFTA) beeinflusst wurde, wird aus folgender Grafik deutlich:

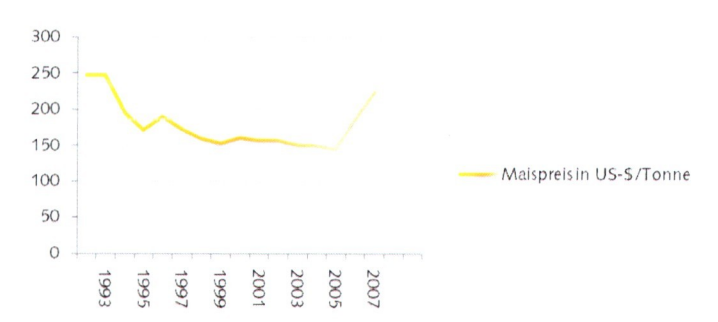

Abbildung 2: Entwicklung des Maispreises in Mexiko seit dem Beitritt zum Nordamerikanischen Freihandels-abkommen (vgl. Food and Agriculture Organization of the United Nations: *FaoStat, PriceStat,* 2009).

Seit Anfang der 1990er Jahre hat der erhöhte Import von billig produziertem Mais aus den USA zu einer drastischen Senkung des Maispreises geführt. Während der Preis für eine Tonne Mais im Jahre 1992 noch 245,89 US-$ betrug, sank er im Jahre des Beitritts, 1994, auf 194,39 US-$ und erreichte im Jahre 2005 mit 144,85 US-$ seinen Tiefpunkt (vgl. ebd.). "For decades corn has been ridiculously cheap. So cheap, in fact, that the market price paid to farmers has routinely been well below the cost of production. Grain companies have gobbled up the cheap corn" (Harkness 2007: 1). Ein großer Teil der mexikanischen Bauern konnten dem verstärkten Preiswettbewerb nicht mehr standhalten. Durch

> die auf der Basis der NAFTA-Vereinbarungen [...] angelaufenen Importe von Billig-Weizen, -Soja, -Bohnen und anderen Grundnahrungsmitteln aus den USA und Kanada wird der kleinbe-trieblichen Landwirtschaft vollends die Existenzfähigkeit entzogen, und die Verarmung der zum Aufstand entschlossenen Ärmsten schreitet fort (Sander 1999: 235)

Seit dem NAFTA-Beitritt hat es in Mexiko einige Aufstände, besonders seitens der ländlichen Bevölkerung, wegen fortschreitender Verarmung der Bauern sowie einer steigenden Abhän-gigkeit von importierten Gütern gegeben. Die Entwicklung der Armutsrate zu Beginn der 1990er Jahre macht den Anstieg der Armut insbesondere zwei Jahre nach dem Beitritt zur Nordamerikanischen Freihandelszone deutlich:

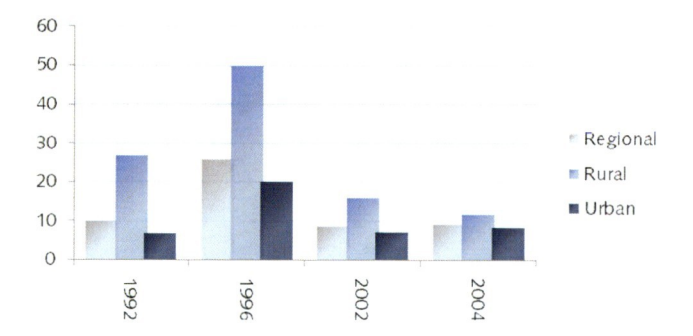

Abbildung 3: Entwicklung der Armut in Mexiko seit dem Beitritt zum Nordamerikanischen Freihandelsab-kommen
(vgl. World Bank: *Income Generation and social protection for the poor.* Executive Summary, 2005).

Für den Anstieg der ländlichen Armut von 26,7 auf 49,9% gibt es verschiedene Gründe. Zum einen ist Mexiko bereits mit einem deutlichen Wettbewerbsnachteil dem Abkommen beigetreten, und NAFTA hat keine Entschädigungs- oder Ausgleichsfonds zur Kompensation dieser bereitgestellt oder Projekte zur Förderung der mexikanischen Infrastruktur ermöglicht (vgl. Carlsen 2005: 1). Die Investmentfinanzierung in Mexiko ist teuer und für kleine Unternehmen schwer umsetzbar, was den Zugang zu einem Markt erschwert, der durch internationale Finanzierungsmöglichkeiten gespeist wird. Zum anderen hat NAFTA die Wirtschaftsstrukturen vor allem zugunsten der beiden Bereiche Investment und Handel verändert, also denjenigen Sektoren, welche für die Weltwirtschaft von besonderem Interesse sind. Besonders die südlichen Regionen Mexikos haben durch NAFTA erhebliche Nachteile erfahren. Die dort ansässigen Bauern, welche durch die Landwirtschaft ihre Existenz sichern, sind von etwaigen Vorteilen des Freihandelsabkommen ausgeschlossen und können dem Preiswettbewerb während des erheblichen Importzuwachses nicht standhalten. Zudem hat NAFTA die Regierung von der weiteren Verfolgung nationaler Entwicklungspläne distanziert, welche verschiedene Regionen stärker in die Wirtschaft einbinden sollten (vgl. ebd.).

Wie die Abbildung 3 außerdem zeigt, ist die Armutsrate nach dem Jahre 1996 wieder erheblich gesunken. Diese Tatsache ist dadurch zu begründen, dass der entstandene Wettbewerbsdruck des sinkenden Maispreises durch den erhöhten Marktwettbewerb sich vor allem auf jene Bauern ausgewirkt hat, welche Mais zu Profitzwecken anbauen (vgl. Zietz & Seals 2006: 5 f.). Die Auswertung einer Umfrage von mexikanischen Maisbauern in den 1990er Jahren zeigt jedoch auf, dass lediglich 12 bis 22% der Bauern den Mais zum Verkauf anboten, während 75% der Bauern Mais zur Sicherung der eigenen Existenz anbauten. Befragungen der ärmsten Bauern in den Jahren von 1991 bis 2000 ergaben, dass 89 bis 92% Mais zur eigenen Versorgung anbauten, und 56 bis 57% ihren Mais grundsätzlich nicht für den Verkauf produzierten. Kleinbauern der mexikanischen Region Guanajuato gaben zusätzlich an, den Maisanbau als wichtigen Teil ihres Lebensinhalts zu betrachten, und selbst dann weiter Mais anzubauen, wenn es unrentabel sei (vgl. ebd.).

Die starke Preissenkung durch NAFTA hat zu einer Abwanderung von 2,3 Millionen Maisbauern und zu einer teilweisen Auflösung ihrer Betriebe geführt. Die Stützung wirtschaftlicher Interessen einerseits sowie die Schwächung der regionalen Entwicklung andererseits hat die inländische wirtschaftliche Ungleichverteilung vertieft und einen Anstieg der ländlichen Armut sowie eine Abwanderung von Bauern zur Folge (vgl. Carlsen 2005: 2). „Nearly two million farmers have left the land since the onset of NAFTA, eight of every 10 live in poverty, and 18 million earn less than $2 a day" (ebd.).

Eine weitere mögliche Entwicklung hätte eine Umstrukturierung der Landflächen vom Maisanbau hin zur Produktion alternativer Getreide-, Obst- oder Gemüsesorten sein können (vgl. Rivera 2009: 89). Die Produktion von Nahrungsmitteln, welche auf dem Weltmarkt gefragt sind, hätte den mexikanischen Exporthandel stärken können. Die Deckung der relativ großen globalen Nachfrage an tropischen Früchten, Nüssen, Kaffee oder verschiedenen Gemüesor-

ten hätte eine Umstrukturierung von der traditionellen Subsistenzwirtschaft zum Unternehmertum zur Folge haben können. Eine solche Entwicklung hat sich in der mexikanischen Agrarwirtschaft jedoch nicht gezeigt. Im Gegenteil: Die innerstaatliche Maisproduktion ist jährlich
gestiegen (vgl. ebd.).

Der Abstand zu den USA und Kanada in Aspekten wie Wachstum, Gehälter, Beschäftigung,
Immigration, landwirtschaftliche Subventionen sowie Umweltschutz ist seit NAFTA nicht kleiner, sondern größer geworden. Kritiker lassen einerseits verlauten, die rasche Öffnung der
amerikanischen Freihandelszone gegenüber der mexikanischen Agrarwirtschaft habe die
traditionellen ländlichen Strukturen zu schnell mit modernen industriellen Strukturen konfron-
tiert. Andererseits sei die *Ejido*-Politik mit zu wenig Kapital von staatlicher Seite ausgestattet
und dadurch nur unzureichend ausgebaut und gestärkt worden (vgl. Sander 1999: 235).

2.3 Die Tortilla-Krise

Im Jahre 2007 stieg der Preis auf dem mexikanischen Markt für eine Tonne Mais um über
50% auf 223,48 US-$, was zu einer Nahrungsmittelkrise, der sogenannten Tortilla-Krise,
geführt hat (vgl. Harkness 2007: 1). Der starke Preisanstieg für Mais, und somit für die
Tortilla,[6] wurde von verschiedenen Faktoren verursacht. Zum einen ist die internationale
Nachfrage nach Bioethanol[7] im Jahre 2007 gestiegen und hatte einen weltweiten Anstieg des
Maispreises zur Folge. „By dramatically boosting demand for corn as a feedstock for ethanol
production, we have seen a jump in prices. [...] Corn for ethanol use is expected to eclipse
corn for export this year" (ebd.). Der Preisanstieg wurde zum anderen durch Spekulationen
der vier großen Unternehmen Cargill, Maseca-Archer Daniels Midland, Minsa-Arancia Corn
Products International und Agroinsa verstärkt. Als Hauptabnehmer der mexikanischen
Maisernte nutzten sie ihre Vorteile auf dem mexikanischen Markt bezüglich des Zugangs zu
Kapital-, Lager- und Transportkapazitäten und hielten einen Teil der Maisernte zurück (vgl.
Carlsen 2008: *Die Hintergründe der Lateinamerikanischen Lebensmittelkrise*). Des Weiteren
haben finanzielle Subventionen der mexikanischen Regierung seit 2005 die Entwicklung eines
Mais-Tortilla-Kartells verstärkt. Mexikanisches Maismehl zur Herstellung von Tortillas wurde
vor dem starken Preisanstieg 2007 etwa zu 50% durch die genannten Großunternehmen
industriell gefertigt, die andere Hälfte wurde durch traditionelle Maismühlen kleiner
Maismehlproduzenten gemahlen. Der hohe Maispreis konnte von den traditionellen
Maismühlen nur noch bedingt gezahlt werden, und die Großunternehmen boten den Tortilla-
Herstellern ihr Maismehl zu billigeren Preisen an. Diese Entwicklungen haben zum einen dem

---

[6]Die Tortilla ist ein Maisfladen; sie wird zu allen Mahlzeiten der mexikanischen Bevölkerung serviert.
[7]Für die Herstellung von Bioethanol werden zwei Pflanzenarten verwendet: stärkehaltige Pflanzen (Mais,
Kartoffeln, Roggen und Weizen) oder zuckerhaltige Pflanzen (Zuckerrüben oder Zuckerrohr). Dieser Aus-
gangsstoff wird mithilfe von Enzymen und Hefepilzen gegoren und aus diesem Prozess wird Ethylalkohol
(Bioethanol) gewonnen. Dieser wird durch Destillation isoliert und anschließend dem Alkohol durch Absolutie-
rung Restwasser entzogen, so dass er mit einem Reinheitsgrad von über 99% als Treibstoff verwendet
werden kann (vgl. Sterling Sihi GmbH: *Bioethanol-Herstellung*).

Großunternehmen Maseca einen 73%-Anteil am mexikanischen Maismehlmarkt verschafft, und zum anderen die traditionelle Produktion geschwächt (vgl. ebd.).

Die Preiserhöhung des Mais bedeutet für die mexikanische Bevölkerung, insbesondere für die ärmere, eine große Gefahr für die Sicherstellung des täglichen Nahrungsmittelbedarf.

> In einer Umfrage auf einem Markt in einem einkommensschwachen Viertel von Mexiko-Stadt äußerten Käuferinnen, dass sie nach der Tortilla-Krise von Januar 2007 den Familien-Konsum von Tortillas um die Hälfte reduzieren mussten. Wie eine Señora klarmachte: ‚Wenn wir keinen Mais essen können, haben wir nichts zu essen' (ebd.).

Während Protestmärschen in den vergangenen Jahren hat die ländliche Bevölkerung, insbesondere die Bauern, die mexikanische Regierung dazu aufgefordert, die Maisproduktion der mexikanischen Agrarwirtschaft wieder zu stärken, somit die Abhängigkeit von internationalen Importpreisen zu senken und dadurch eine mögliche Legalisierung von gentechnisch veränderten Maissorten in Mexiko thematisiert (bioSicherheit Gentechnik-Pflanzen-Umwelt: *Tortilla-Krise in Mexiko: Gv-Mais als Lösung?*).

> Nur mit der Freigabe von gv-Mais[8] sei die Krise grundlegend zu lösen, so der mexikanische Bauernverband CNA. Die nationale Maiserzeugung könne deutlich gesteigert werden, wenn eine Nutzung von insektenresistentem Bt-Mais[9] möglich sei. Damit könnten schädlingsbedingte Ernteausfälle reduziert und Kosten für Insektizide gesenkt werden (ebd.).

Die mexikanische Regierung hatte im Jahre 1998 den Anbau gentechnisch veränderter Sorten durch ein Moratorium verboten, um die traditionell angebauten Maissorten zu schützen. Um den Forderungen des Bauernverbandes nachzukommen, hat die Regierung im März 2009 das Gesetz geändert und den versuchsweisen Anbau gentechnisch veränderter Maissorten erlaubt. Eine Zulassung des regulären Anbaus von gv-Mais ist für das Jahr 2012 geplant (vgl. bioSicherheit Gentechnik-Pflanzen-Umwelt: *Mexiko: Spuren von gentechnisch verändertem Mais bestätigt*).

---

[8]Der Begriff Gv-Mais bezeichnet eine Variation der Abkürzung GVO (gentechnisch veränderter Organismus) (vgl. Bundesministerium für Bildung und Forschung: *Biotechnologie*). Siehe dazu auch Kapitel 3.1.2.
[9]Der Begriff Bt-Mais bezeichnet eine gentechnisch veränderte Maissorte, welche ein Gen des Bodenbakterium Bacillus thuringiensis (Bt) enthält (vgl. Bundesministerium für Bildung und Forschung: *Biotechnologie*). Siehe dazu auch Kapitel 3.1.2.

3. Gefahren der Gentechnik – biologische und rechtliche Grundlagen

In den folgenden Unterkapiteln dieser Arbeit wird untersucht, welche Gefahren mit einer Legalisierung der Gentechnik für den Maisanbau in Mexiko verbunden sind. Dabei werden zum einen die Konsequenzen für die Biodiversität der Maispflanze analysiert und zum anderen die Gefahren für die nationale Maiserzeugung herausgearbeitet. Es soll gezeigt werden, weshalb eine Zulassung der Gentechnik als Lösung für eine Steigerung der nationalen Maisernte kritisch betrachtet werden muss.

> Unter gentechnisch verändertem Organismus (deutsch: GVO, in englisch mit GMO – Genetically Modified Organisms abgekürzt) versteht man nun einen Organismus, dessen Erbinformationen in einer solchen Weise modifiziert worden sind, wie es unter natürlichen Bedingungen, z.B. durch Kreuzen oder natürliche Neukombinationen nicht vorkommt. Organismus ist dabei jede biologische Einheit, welche fähig ist sich zu vermehren und somit gentechnisches Material zu übertragen. Das können somit Pflanzen und Tiere aber auch Mikroorganismen wie Bakterien, Pilze, Viren oder Hefen sein (Stangl 2005: 10).

Der Begriff der Gentechnik bezeichnet die gezielte Veränderung von gentechnischem Material, bei der einzelne Gene in das Erbmaterial verschiedener Organismen eingeführt werden. Ebenfalls schließt die Bezeichnung die Isolation sowie die Analyse von Genen ein (vgl. ebd.). In den folgenden Kapiteln werden die biologischen Grundlagen von Mais sowie die gängigen gentechnisch veränderten Sorten näher beschrieben.

3.1 Biologische Grundlagen

3.1.1 Die Maispflanze

In der Botanik wird Mais als *Zea mays* bezeichnet, ein wissenschaftlicher Begriff, der im Jahre 1737 von dem schwedischen Naturwissenschaftler Carl von Linné erstmals verwendet wurde. *Zea* leitet sich aus einer griechischen Bezeichnung für Dinkel und Getreidesorten her, welche hauptsächlich der Ernährung der Armen und als Viehfutter dienten. Der Begriff *mays* wurde erstmals im Jahre 1623 von dem Schweizer Botaniker Caspar Bauhin benutzt und entstammt dem indianischen Namen für die Maispflanze. *Mahiz*, *marisi* oder *mariky* wurde Mais beispielsweise von einem mittelamerikanischen Volk, den Auraken, genannt, und wird als „das unser Leben Erhaltende" übersetzt (vgl. Röser 2001: 35).

Mais gehört zu den einjährigen Gräsern, besitzt einen dicken, markgefüllten Stängel oder Halm von 2,5 bis 5 cm Durchmesser, welcher mit einer Höhe von 1,50 bis zu 2 m eine kräftige und lange Sprossachse bildet (vgl. ebd.: 36). Vom Halm geht eine Vielzahl von Knoten aus, welche am unteren Ende durch dicke Wurzeln verstärkt werden. Gerade bei tropischen Maispflanzen wird durch die Unterstützung dieser Wurzeln ein Umfallen der Pflanze besonders während starker Überschwemmungen verhindert (vgl. Brücher 1982: 70). Die dunkelgrünen Blätter sind in zwei Zeilen angeordnet und erreichen etwa eine Breite von 10 cm sowie 1 m Länge. Die Blüten der Maispflanze sind unterschiedlichen Geschlechts. Die männlichen Blüten wachsen als verzweigter Blütenstand, als Rispe, aus der Spitze des Stängels und werden bis zu 50 cm lang. Die an den Seiten des Halms wachsenden, kolbenförmigen Blütenstände sind weiblich und werden von langen, grünen Blättern umhüllt. Während der Blütezeit ragen an der Spitze dieser Hüllblätter seidenartige Fäden heraus, welche als Verlängerung der weiblichen Einzelblüten „zum Auffangen der windverbreiteten Pollenkörner dienen" (Röser 2001: 37). Nach erfolgter Befruchtung und Bestäubung entwickelt sich der Fruchtstand, der Maiskolben. Jedes Maiskorn enthält einen Samen, der aus einem Embryo und dem Nährgewebe besteht. Aus dem Embryo kann eine neue Maispflanze entstehen; das Nährgewebe hält einen Vorrat an Nährstoffen bereit, welcher dem Embryo bei der Keimung zur Verfügung steht, bevor dieser selbständig weiterwachsen kann (vgl. ebd.). Pro Maispflanze können ein bis drei Kolben entstehen, welche von 10 bis 18 Kornreihen mit jeweils 15 bis 50 Körnern besetzt sind. Die Körner können unterschiedliche Farbtöne und Formen erreichen. Mais ist nicht selbstständig vermehrungsfähig, und aus diesem Grund auf den Kulturanbau angewiesen (vgl. Zimmermann: *Mais*). Die in dem Maiskolben fest verankerten Körner müssen durch den Menschen „ausgeribbelt" werden; „andernfalls würden aus einem zu Boden gefallenen Kolben hunderte von Keimpflanzen am gleichen Fleck auskeimen, die sich gegenseitig unterdrücken" (Brücher 1982: 69). In Mexiko erfolgt der Anbau von Mais derzeit in zwei verschiedenen Formen. Zum einen sät die ärmere, insbesondere die indigene Bevölkerung zur eigenen Versorgung weitgehend Saatgut von *open pollinated varieties* (OPVs) aus. Zum anderen kaufen Bauern, welche den Mais zum Verkauf produzieren, zumeist sogenanntes verbessertes Hybridmaissaatgut.

3.1.1.1 OPV

Der Kurzbegriff OPV bedeutet *open pollinated varieties* und bezeichnet den traditionellen Maisanbau verschiedener Sorten durch eine natürliche, unkontrollierte Bestäubung (vgl. Cereal Knowledge Bank 2007: *What is an OPV?*). Wird ein Feld mit Samen von OPVs besät, wachsen Maispflanzen einer Pflanzenfamilie mit ähnlichen Merkmalen, aber von unterschiedlicher Genetik. Hier unterscheiden sich OPVs von den gleichartigen Hybridpflanzen. Die Unterschiedlichkeit der Pflanzen von OPVs kann sich beispielsweise in der Wachstumshöhe, in der Farbe der Seidenfäden, der Reifezeit oder auch in der Farbe und Form der Maiskolben zeigen.

Diese Art der Bepflanzung hat verschiedene Vor- und Nachteile. Bei einer Aussaat von OPVs ist es von erheblicher Bedeutung, dass das Korn der vorherigen Ernte Jahr für Jahr wieder als Saatgut verwendet werden kann, und der Bauer nicht auf den regelmäßigen Kauf von Hybridsaatgut angewiesen ist (Nachbau). Die Aussaat von Korn aus eigener Ernte hat eine niedrige Ausschussrate, im Gegensatz zu Hybridsamen, bei welchen der Bauer bei Wiederaussaat eine durchschnittliche Ausschussrate von 30% einberechnen muss. Auch die unterschiedliche Blütezeit der OPVs bietet einen entscheidenden Vorteil: Lange Hitzeperioden machen den Maispflanzen gerade in der Blütezeit zu schaffen, weshalb der Bauer bei den zur gleichen Zeit blühenden Hybridmaispflanzen einen großen Ernteausfall befürchten muss. Zudem sind Maispflanzen von OPVs meist optimal an die jeweiligen Umweltbedingungen angepasst. Das durch die Aussaat eigener Ernte gesparte Geld kann für den Kauf von Pestiziden und Dünger verwendet werden. Dennoch können Bauern auch von Sorten natürlicher Bestäubung verbessertes Saatgut käuflich erwerben, welches beispielsweise zur Resistenz gegen Trockenheit oder bestimmte Krankheiten entwickelt wurde (vgl. ebd.).

3.1.1.2 Hybridmais

Anfang des 20. Jahrhunderts machten Maiszüchter zwei bedeutende Entdeckungen. Die erste war, dass Nachkommen von Maispflanzen, welche durch eine Selbstbefruchtung[10] gezogen wurden, langsamer wuchsen und niedrigere Kornerträge hervorbrachten. Die zweite Entdeckung betraf die Kreuzung zweier dieser Inzuchtlinien zu sogenannten Hybriden oder Doppelhybriden. Hier wuchsen die Pflanzen schnell und frei von unerwünschten Erbmängeln. Sind, wie in diesem Fall, die Hybride leistungsfähiger, größer oder widerstandfähiger als die Elterngeneration (*P-Generation*) ist dies der sogenannte *Heterosis-Effekt*. Die Nachkommen von Hybridpflanzen wiederum liefern mäßige Erträge, weshalb mit Hybridpflanzen, im Gegensatz zu OPVs, kein eigenes Saatgut erzeugt werden kann und das Saatgut jährlich neu käuflich erworben werden muss (vgl. TransGen: *Eine Pflanze der Indios im kalten Europa*).

Die Aussaat von Hybridmais bedeutet für den Bauern eine finanzielle Mehrbelastung. Dennoch ist ein Umstieg auf Hybridmais, insbesondere für Bauern, welche Mais zum Verkauf produzieren, mit Wettbewerbsvorteilen verbunden. Der Ernteertrag kann durch Hybridsaatgut um durchschnittlich 10 bis 25% gesteigert werden, wobei die Ertragssteigerung ebenfalls von der Ausrüstung und von der Organisation des Bauers abhängt. Von großer Bedeutung ist auch die Gleichförmigkeit des Ernteertrags. Das Korn von OVPs kann unterschiedlicher Farbe und Reife sein und durch diese, hauptsächlich ästhetische Einschränkung, auf dem Markt weniger nachgefragt werden als das ebenförmige Hybridkorn (vgl. Cereal Knowledge Bank 2007: *What is an OPV?*). Farbe und Gleichförmigkeit des Korns kann also letztendlich maßgeblichen Einfluss auf die Preisgestaltung der Ernte haben. Daher kommen nur ausgewählte und unter streng kontrolliertem Anbau produzierte Hybridsamen auf den Markt, welche im Bezug auf die Farbe, die Größe der Pflanze, den Ernteertrag, die Trockenheitstoleranz sowie die Widerstandskraft gegen Krankheiten den Qualitätsansprüchen genügen (vgl. ebd.).

3.1.2 Gentechnisch veränderter Mais

In den Vereinigten Staaten werden seit dem Jahr 1995 zwei verschiedene Arten gentechnisch veränderter Pflanzen[11] angebaut: Herbizid-resistente Pflanzen (HR-Pflanzen) einerseits sind gegen bestimmte Pestizide immun, so dass diese zur Bekämpfung von schädigendem Unge-

---

[10] Selbstbefruchtung bedeutet, dass die Pollen der männlichen Blüten einer Pflanze die weiblichen Blüten derselben Pflanze über die Seidenfäden bestäuben.
[11] Saatgut beider Varianten wird für verschiedene Pflanzenarten entwickelt; ebenso auch für Maispflanzen.

ziefer verwendet werden können, ohne der Pflanze selbst zu schaden. *Bacillus thuringiensis*-Pflanzen (*Bt*-Pflanzen) auf der anderen Seite produzieren ihre Insektizide selbst. Hier wird durch die Bakterien *Bacillus thuringiensis* das sogenannte *Bt-toxin* produziert, ein Eiweiß, welches bei Aufnahme durch die Schädlinge deren Darmwand zerstört und zum Tod führt (vgl. TransGen: *Bt-Konzept: Mit den Waffen von Bakterien gegen Fraßinsekten*). Die Gene von *Bt*-Pflanzen wurden verändert, um eine hohe Eigenresistenz gegen Schädlinge zu erreichen, wodurch der Einsatz von Schädlingsbekämpfungsmittel vermindert und die Umwelt entlastet werden soll. Grundsätzlich soll die Genveränderung der Pflanzen eine Ertrags- und Qualitätssteigerung hervorbringen, was bei einer Maispflanze beispielsweise einen höheren Vitamingehalt oder eine verbesserte Resistenz gegenüber widrigen Wetterverhältnissen wie etwa extreme Trockenheit oder Kälte bedeuten kann (vgl. ebd.).

3.1.3 Gentechnisch veränderter Mais und Biodiversität

Gentechnik ist seit jeher bei Natur-, Umweltschützern und auch Bauern heftig umstritten. Eine große Gefahr sehen Gentechnik-Gegner in dem Verlust der natürlichen Biodiversität, welcher mit einer Einführung gentechnisch veränderter Sorten verbunden ist. „Biodiversidad es un término que se aplica a todas las especies, su variabilidad genética y las comunidades y ecosistemas en que éstas existen" (CCA la Comisión para la Cooperación Ambiental: *Maíz y Biodiversidad. Efectos del maíz transgénico en México*). [Biodiversität ist ein Begriff der sich auf alle Spezies, ihre genetische Vielfalt und ihre Artenvielfalt bezieht, sowie auf die Vielfalt der Ökosysteme, in welchen diese vorkommen.] Der Begriff der Biodiversität ist eine Wortneuschöpfung, die sich in einem weltweiten „Konflikt um die Regelung der Naturverhältnisse" (Görg 2002: 19) herausgebildet hat. Während die Begriffe „biologische Vielfalt" sowie „Artenvielfalt" in der Literatur weitgehend synonym verwendet werden und die Vielfalt wissenschaftlich unterscheidbarer Arten bezeichnen, schließt Biodiversität neben der Vielfalt der Arten ebenso die ökologische als auch die genetische Vielfalt mit ein. Dabei liegt gerade in der Unschärfe des Begriffs die Möglichkeit, die verschiedenen sozio-ökologischen Konflikte, welche mit kommerziell hergestelltem Saatgut und einer Einführung der Gentechnik verbunden sind, in die Problematik mit einzuschließen (vgl. ebd.).

Der Verlust der Biodiversität bei einer Einführung von gentechnisch veränderten Sorten ist in dem Charakteristikum der Fremdbestäubung, das der Maispflanze eigen ist, begründet. Durch die primäre Entwicklung des Pollens löst sich dieser von der Pflanze, bevor die Seidenfäden für eine Aufnahme des Pollens bereit sind. Durch diese zeitliche Abfolge wird eine Selbstbestäubung vermieden und die Kreuzung verschiedener Sorten, also der Austausch genetischer Kombinationen, gefördert (vgl. Zimmermann: *Mais*). Die Kreuzung verschiedener Landsorten bietet beispielsweise den mexikanischen Bauern die flexible Kultur einer großen Auswahl von konventionellem Saatgut und verbesserten Hybriden. Während die Kreuzung dieser Sorten eine Bereicherung der Auswahl zur Folge hat, stellt eine Kreuzung mit gentechnisch veränderten Sorten eine große Gefahr dar. Mit gleicher Leichtigkeit finden technisch veränderte Gene Einzug auf mexikanischen Maisfeldern.

> Die nähere Forschung zeigt, dass transgener[12] Pollen, durch Wind getragen und anderswo abgelagert, oder der direkt auf den Boden gefallen ist, eine Hauptquelle transgener Verunreinigung ist. Kontamination[13] ist als unvermeidbar generell anerkannt, somit kann es *keine Koexistenz von transgenen und konventionellen Pflanzen geben*" (Ho & Ching 2003: 8).

Aus diesem Grund wurde der Anbau von gentechnisch verändertem Mais im Jahre 1998 von der Regierung durch ein Moratorium zum Schutz der lokalen Maissorten verboten (vgl. Enciso 2003: 1).

> La moratoria se estableció en 1998, con el argumento de que México es el centro de diversidad del maíz y la introducción de cultivos genéticamente modificados podría acentuar la pérdida de esa diversidad, y porque al menos 30 por ciento del grano que se importaría de Estados Unidos sería transgénico (ebd.).

> [Das Moratorium wurde 1998 festgesetzt mit der Begründung, dass Mexiko der Mittelpunkt der Maisvielfalt sei und die Einführung gentechnisch veränderter Sorten den Verlust dieser Vielfalt zu verantworten hätte. Zudem sei bereits mindestens 30% des aus den USA importierten Mais gentechnisch verändert.]

Im Jahre 2001 veröffentlichte die Zeitschrift *Nature* eine Studie, in welcher Spuren von gentechnisch veränderten Organismen in mexikanischen Maissorten trotz des Anbauverbots nachgewiesen wurden. Die Proben, welche von Ignacio Chapela, Professor für Mikrobielle Ökologie an der Berkeley Universität, und seinem Studenten David Quist genommen und ausgewertet wurden, entstammten den lokalen Vorräten zweier Kommunen des Bundesstaates Puebla sowie 19 Kommunen des Bundesstaates Oaxaca. Für die Untersuchung wurden die Körner von insgesamt 68 Maiskolben aus 21 Haushalten ausgesät und die DNA der jungen Maispflanzen isoliert[14] untersucht (vgl. bioSicherheit Gentechnik-Pflanzen-Umwelt: *Mexiko: Spuren von gentechnisch verändertem Mais bestätigt*). In 21 von 1867 Pflanzen, welche aus drei verschiedenen Kommunen Oaxacas stammten, wurden transgene DNA-Sequenzen, das heißt Erbinformationen von Insekten- oder Herbizid-resistenten Maissorten, nachgewiesen, wie sie nur in gentechnisch veränderten Maissorten vorkommen.

Den Verantwortlichen der Studie wurden unzureichende Forschungsmethoden unterstellt, weshalb sie von Wissenschaftlern heftig umstritten und von Gentechnik-Befürwortern erheblich kritisiert wurde. Die „Zeitschrift Nature [...] griff unter dem Druck der Gentech-Lobby zu dem absolut ungewöhnlichen Mittel, die Publikation des bereits erschienenen Artikels zu widerrufen" (Clausing 2005: 1). Ein Jahr nach Veröffentlichung der umstrittenen Studie baten

---

[12]Ein Transgen bezeichnet ein Gen, welches durch ein technisches Verfahren in das Erbgut eines anderen Organismus übertragen wurde; das Adjektiv „transgen" wird häufig für gentechnisch veränderte Pflanzen, Tiere oder Mikroorganismen verwendet (vgl. BioSicherheit: *transgen*).

[13]Der Begriff Kontamination wird unter anderem für eine Verunreinigung von Materialien mit Organismen verwendet (vgl. Umwelt-Lexikon, *Kontamination*).

[14]Chapela und Quist hatten die extrahierte DNA in dem sogenannten PCR-Verfahren (Polymerase Chain Reaktion) analysiert, welches in einer Kettenreaktion die Vervielfältigung kleinster Mengen von DNA-Abschnitten ermöglicht (vgl. bioSicherheit Gentechnik-Pflanzen-Umwelt: *Polymerase Chain Reaktion*).

Bürgerinitiativen, internationale Organisationen sowie indigene Gruppen und Kleinbauern aus Oaxaca die *Comisión para la Cooperación Ambiental* (CCA) [Umweltschutzkommission], in einer unabhängigen Studie die lokalen Maissorten nochmals auf eine Verunreinigung hin zu überprüfen (vgl. CCA la Comisión para la Cooperación Ambiental, *Maíz y Biodiversidad. Efectos del maíz transgénico en México*). Tatsächlich wurden 2004 technisch veränderte Gene in mexikanischen Maispflanzen erneut nachgewiesen. In der drei Jahre später durchgeführten Studie zeigten sich transgene DNA-Sequenzen[15] in „zwei der drei Kommunen, die 2001 positiv getestet wurden" (bioSicherheit Gentechnik-Pflanzen-Umwelt: *Mexiko: Spuren von gentechnisch verändertem Mais bestätigt*). In einer Kommune bestätigte sich der Verdacht auf drei von 30 Feldern, in der zweiten Kommune konnten auf acht von 30 Feldern transgene DNA-Sequenzen nachgewiesen werden (vgl. ebd.).

Die von Chapela und Quist veröffentlichte Studie regte zum einen eine Diskussion über die Richtigkeit der Ergebnisse an, zum anderen stellten sich Wissenschaftler die Frage nach der Ursache der Kontamination. Ein Grund könnte theoretisch in der Übertragung des Pollens aus den Vereinigten Staaten nach Mexiko durch Wind und Luftströmungen liegen. Allerdings „konnte (in der Praxis) bei einer Untersuchung in den USA schon 300 Meter von einem Feld mit transgenem Mais entfernt keine Einkreuzung mehr nachgewiesen werden" (biosicherheit: *Fremdgene in Landsorten: Gefahr für die biologische Vielfalt?*). Eine Übertragung auf diesem Wege ist also unwahrscheinlich. Denkbar ist, dass mexikanische Kleinbauern aus den USA importierten Mais als Saatgut verwendet haben und diese gentechnisch veränderten Maispflanzen sich in lokale Sorten eingekreuzt haben. Auch könnte es sich um Mais handeln, welchen rückkehrende Arbeiter aus den Vereinigten Staaten nach Mexiko mitgebracht haben. Eine Studie der Umweltschutzkommission CCA geht von einem Anteil gentechnisch veränderten Mais am gesamten Maisimport aus den USA von 20 bis 30% aus; eine Annahme, welche auf Schätzungen basiert, da der genaue Anteil nicht ermittelt werden kann. „En Estados Unidos, luego de la cosecha no se etiqueta ni se separa el maíz transgénico, sino que éste se mezcla con el grano no transgénico" (CCA la Comisión para la Cooperación Ambiental: *Maíz y Biodiversidad. Efectos del maíz transgénico en México*). [In den Vereinigten Staaten wird der gentechnisch veränderte Mais nach der Ernte weder gekennzeichnet noch separat verarbeitet; er vermischt sich mit den konventionellen Sorten.] Der prozentuale Anteil von gentechnisch veränderten Maissorten an der gesamten Maisproduktion der Vereinigten Staaten ist in den vergangenen Jahren stark gestiegen. Während es im Jahre 1997 noch 9,5% waren, sind 2009 bereits 85% der Gesamtproduktion gentechnisch verändert. Dieser starke Anstieg von 2,8 Millionen Hektar auf 29,9 Millionen Hektar an produziertem gv-Mais[16] lässt vermuten, dass der Anteil gentechnisch veränderten Mais am Gesamtimport Mexikos heute deutlich höher als noch vor zehn Jahren ist.

---

[15] Auch hier wurde DNA aus den untersuchten Blättern extrahiert und durch das PCR Verfahren analysiert.
[16] Gv-Mais bezeichnet gentechnisch veränderten Mais.

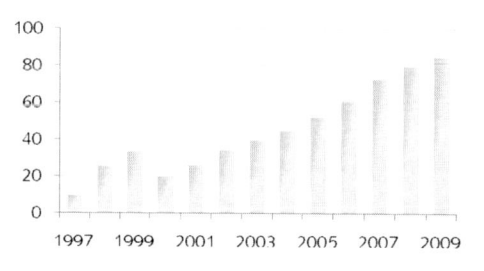

Abbildung 4: Anteil an gentechnisch verändertem Mais an der Gesamtproduktion in den USA in % (vgl. TransGen: *USA: Anbau gv-Pflanzen 2009. Mais, Soja, Baumwolle: 88 Prozent gentechnisch verändert*).

Die Kontamination von mexikanischen Maisfeldern durch aus den USA importierten gentechnisch veränderten Mais zeigt auf, mit welcher Leichtigkeit technisch veränderte Gene in konventionellen Pflanzen Einzug finden. Eine Legalisierung von Gentechnik für den Maisanbau in Mexiko hat langfristig eine Kontamination der natürlichen Sorten zur Folge und ist irreversibel; die sozio-ökonomischen Folgen eines Verlustes der traditionellen Sorten sowie mögliche Auswirkungen auf die Biodiversität wird in Kapitel 4 näher beschrieben.

3.2 Rechtliche Grundlagen

3.2.1 Geistige Eigentumsrechte in der mexikanischen Landwirtschaft

Bei der Entwicklung und Erforschung neuer Biotechnologien sind große Konzerne vom traditionellen Wissen der indigenen Bevölkerung abhängig. Die Sammlung genetischer Ressourcen durch Bioprospektierungsprojekte[17] sowie die ökonomische Nutzung dieser in der Gentechnik machen zudem eine Kooperation zwischen Staat und Industrie notwendig. Auf der einen Seite benötigen Großkonzerne Zugang zu biologischer Vielfalt, welche weitgehend in südlichen Ländern vorhanden ist. Aus den gewonnenen genetischen Ressourcen werden schließlich einzelne DNA-Sequenzen isoliert, auf das Erbgut anderer Organismen übertragen und auf diese Weise Waren erzeugt (vgl. Brand & Kalcsics 2002: 8). Auch ist der Aspekt der Nutzung der Technologien von zentraler Bedeutung. Patente oder auch der Sortenschutz[18] sichern Großkonzernen 15 bis 20 Jahre lang die exklusiven Nutzungsrechte ihrer Neuentwicklungen. Dieser Schutz von geistigem Eigentum soll dem Patentinhaber ermöglichen, seine eingesetzten Investitionen rezufinanzieren sowie darüber hinaus Profit erwirtschaften zu können (vgl. ebd.: 10). Der Patentinhaber verpflichtet sich, seine patentrechtlich geschützte Innovation der Allgemeinheit zugänglich zu machen, damit auch diese vom technischen Fortschritt Gebrauch machen kann. Für die Nutzung der Erfindung müssen die Anwender dem Patentinhaber

---

[17] Bioprospektion bezeichnet die Erforschung und Aneignung der Biodiversität durch Unternehmen, um aus dem gewonnenen Material neue, kommerziell nutzbare Sorten zu entwickeln (vgl. Görg 2001: 22).

[18] Der Sortenschutz schützt neu gezüchtete Pflanzensorten sowie die jeweiligen Sortenbezeichnungen. Der Schutz gilt einer speziellen Kombination von Genen (vgl. Bundessortenamt, *Sortenschutz*).

Lizenzgebühren zahlen, und „damit [geraten] Nahrungspflanzen und ihre Nutzung unter die Kontrolle der Patentinhaber, meist große Konzerne" (TransGen: *Gentechnik, Patente, Pflanzen: Gewinnen Konzerne die Kontrolle über die Nahrung?*).

Während die alleinige Entdeckung von DNA und Gensequenzen nicht patentiert werden kann, ist eine DNA-Sequenz, welche durch ein besonderes technisches Verfahren entwickelt wurde, bestimmte Funktionen beinhaltet und für eine gewerbliche Anwendung genutzt werden kann, durch ein Patent schützbar (vgl. ebd.). In den vergangenen Jahren ist die Sicherung geistigen Eigentums in Form neuer Technologien und genetischem Material zum zentralen Interesse von Industriezweigen geworden. Erst durch die technologische Erforschung und Entwicklung werden die genetischen Ressourcen zum ökonomisch nutzbaren Gegenstand und daher „mit exklusiven und monopolartigen Eigentumsrechten wie vor allem Patenten belegt[.] [...] [Dabei] geht es vor allem darum festzulegen, wer von den Vorteilen, die sich aus der Nutzung genetischer Ressourcen ergeben, profitiert" (Brand & Kalcsics 2002: 12).

Heute werden ökonomische Fragen, welche den Zugang sowie den Schutz von geistigem Eigentum betreffen, von der Welthandelsorganisation (WTO) geregelt, während sich Schutzkonventionen, wie die *Convention on Biological Diversity* (CBD) mit ökologischen Aspekten, wie beispielsweise dem nachhaltigen Schutz der Natur sowie von menschlichen Lebensräumen auseinandersetzt (vgl. Kalcsics & Brand 2002: 15 f.). Die Tatsache, dass die meist im ideologischen Norden ansässigen Großkonzerne dem Süden mit seiner reichen biologischen Vielfalt gegenüberstehen, verleitet dazu, ein Nord-Süd-Verhältnis zu simplifizieren; doch auch innerhalb des Südens und des Nordens sind erhebliche Interessensunterschiede vorhanden. Hohe Kreditschulden veranlassen häufig Regierungen von Ländern mit biologischer Vielfalt, der globalen Industrie ihre natürlichen Ressourcen zur Verfügung zu stellen und handeln dadurch nicht selten entgegen der lokalen Interessen (vgl. ebd.). Des Weiteren finden auch in Entwicklungs- oder Schwellenländern Umstrukturierungen hin zum

,nationalen Wettbewerbsstaat' statt, der mittels Rechtsetzung, Bildungs- und Infrastrukturpolitiken, Forschungsförderung [...] u.a. zentrale Voraussetzungen schafft, um strategische Schlüsseltechnologien und –branchen zu fördern. Ohne staatliche Politiken als unwichtig zu erachten, sollte nicht dem Mythos aufgesessen werden, dass ,der' Staat gegen ,die' Ökonomie nun effektive Schutzpolitiken entwickeln könnte (ebd.).

Mexiko hat als eines der ersten Entwicklungsländer im Jahre 1991 seine rechtliche Grundlage im Bezug auf geistige Eigentumsrechte gestärkt, um den Kriterien nach NAFTA zu entsprechen (vgl. Legér 2005: 2f). Geistige Eigentumsrechte sind für die Nutzung von technologisch entwickeltem Saatgut durch die mexikanische Landwirtschaft von zentraler Bedeutung, denn Forschung und Entwicklung von Unternehmen aus der Saatgutindustrie und spezieller Institute sollen gefördert werden. Der Großteil mexikanischer Bauern, welche zum Maisanbau weitgehend OPVs nutzen, kam bisher mit geistigen Eigentumsrechten kaum in Berührung. Diese haben nur bei der Verwendung von Hybridmais und gentechnisch veränderten Sorten Relevanz (vgl. ebd.).

Während der Schutz geistigen Eigentums sowohl bei der Verwendung von Hybridmais als auch bei gentechnisch verändertem Mais einen beschränkten Zugang von Maisbauern zu Saatgut sowie industrielle Konzentrationsprozesse und eine Steigerung des Preises zur Folge haben, gibt es zwischen beiden Fällen einen erheblichen Unterschied: Die Nutzung von verbessertem Saatgut wie Hybridmais wird durch den sogenannten Sortenschutz rechtlich geregelt (vgl. ebd.). Der Saatgutproduzent verkauft speziell entwickelte beziehungsweise hergestellte Sorten an weitgehend profitorientierte Bauern und erhält Lizenzgebühren für die Nutzung von Saatgut, welches aus einer speziellen Kombination von Genen besteht. Wird das Feld jedoch nach der Aussaat von einem anderen Maisfeld bestäubt, verändert sich die genetische Kombination der Maisernte durch die Fremdbestäubung. Der Bauer könnte seinen Ernteertrag im nächsten Jahr wieder aussäen, ohne erneut Lizenzgebühren zu zahlen.[19] Bei Patenten auf gentechnisch veränderte Sorten ist dies nicht der Fall. Großkonzerne wie Monsanto halten Patente auf einzelne Gene, welche auf spezielle Sorten übertragen werden. Sät ein Bauer gentechnisch verändertes Saatgut aus, verändert sich durch die Fremdbestäubung zwar die Kombination von Genen, das patentrechtlich geschützte Gen bleibt jedoch enthalten; der Bauer muss für die Nutzung der Ernte erneut Lizenzgebühren zahlen (vgl. ebd.).[20]

Anfänglich waren geistige Eigentumsrechte entwickelt worden, um die nationale industrielle Entwicklung zu fördern (vgl. ebd.). Seit der erheblichen Entwicklung des internationalen Handels und dem weltweiten Zugang zu Produkten und Dienstleistungen forderten Unternehmen Bestimmungen nach internationalem Recht geltend zu machen, um ihr geistiges Eigentum zu schützen. Inzwischen setzt das Agreement on *Trade-Related Aspects of Intellectual Property Rights* (TRIPs) der WTO grundsätzlich Bestimmungen für den Schutz des geistigen Eigentums von ihren Mitgliedstaaten. In Bezug auf Pflanzenzucht gelten dabei folgende Regelungen:

1. Sicherstellung von patentrechtlichem Schutz für alle Bereiche technologischer Innovationen; die Patentierung von Pflanzen und Tieren ist ausgenommen.
2. Schutz von Sorten, beispielsweise durch die *Plant Breeders' Rights* (Sortenschutz nach der *International Union for the Protection of New Varieties of Plants* (UPOV)).
3. Erlaubnis von Schutz geheim gehaltener Informationen (*Trade Secrets*).
4. Sicherstellung angemessener Durchsetzbarkeit dieser Rechte (vgl. ebd.: 5).

Seit 2000 müssen WTO-Mitglieder „Patentschutz für Mikroorganismen, sowie für mikrobiologische und nichtbiologische Verfahren zur Neuzüchtung von Pflanzen und Tieren bereitstellen. Pflanzensorten müssen durch ein ‚effektives System' geschützt werden, sei es durch Patente oder ein System eigener Art" (Liebig 2000: 19). TRIPs beinhalten nationale Vereinbarungen

---

[19] Wie in Kapitel 3.1.1.2. (Hybridmais) erklärt wurde, hat der Bauer bei einer Wiederaussaat der Hybridmaisernte einen Ertragsverlust von bis zu 30% einzuberechnen. Aus diesem Grund ist er vermutlich dennoch auf den erneuten Erwerb von Saatgut angewiesen.

[20] Siehe dazu auch Kapitel 3.1.3.

zur Durchsetzung von geistigen Eigentumsrechten und bilden neben den beiden Abkommen zur Regelung des Handels von Dienstleistungen sowie von Gütern „die dritte Säule der Welthandelsordnung" (ebd.: 1 f.). Konflikte müssen vor dem Streitschlichtungsgremium der WTO gelöst werden.

Die Kontroverse zwischen dem Schutz der natürlichen Ressourcen von Entwicklungsländern und dem Schutz geistiger Eigentumsrechte multinationaler Konzerne wird in den unterschiedlichen Zielen der CBD sowie von TRIPs deutlich. Während die Konvention über der biologische Vielfalt zum Ziel hat, die jeweilige nationale Biodiversität zu schützen sowie eine nachhaltige Ressourcennutzung sicherzustellen, sollen durch TRIPs der Handel mit Waren und technischer Fortschritt gewährleistet werden (vgl. ebd.: 21). Aufgrund der schwierigen Vereinbarkeit des Schutzes geistiger Eigentumsrechte mit dem Schutz natürlicher Ressourcen ist die Einführung der Biotechnologie in Entwicklungsländern heftig umstritten. Die relativ hohen Fixkosten, welche durch zu zahlende Lizenzgebühren entstehen, und die kostspielige Einführung der neuen Technologien führen zu hohen finanziellen Belastungen, welche häufig die ökonomische Lage der Bauern dauerhaft verschlechtern. Besonders die Sicherung des Patentschutzes durch die WTO spielt bei der Einführung von Biotechnologie eine große Rolle. Patente auf technisch veränderte Gene führen zu Lizenzzahlungen seitens der Bauern und gleichzeitig zu einer Kontamination der natürlichen Ressourcen - eine Entwicklung, welche unter dem Begriff der Biopiraterie bereits seit vielen Jahren heftig debattiert wird.

Die Maisindustrie in Mexiko ist, verglichen mit der Produktionssituation landwirtschaftlicher Güter anderer Entwicklungs- und Schwellenländer, relativ hoch entwickelt (vgl. Legér 2005: 5f). Lokale Unternehmen sowie Großkonzerne bieten Maisbauern verschiedene Hybridmaissorten sowie Saatgut aus offener Bestäubung zum Kauf an: Die zur Erforschung neuer Sorten notwendigen Mittel werden aus Einnahmen gedeckt, welche unter anderem durch den Sortenschutz entstehen. In der mexikanischen Maisindustrie bilden sich dadurch weitgehend folgende Strukturen heraus: *Multinationale* Unternehmen versorgen profitorientierte Bauern mit Hybridmaissorten, unterstützen den technisch fortschrittlichen Anbau und beeinflussen den Abverkauf durch eigene Marketingkampagnen. *Nationale* Konzerne nutzen das Saatgut lokaler Kleinbauern und von Universitäten erforschte Sorten, um eigene Sorten zu entwickeln und mit Lizenzgebühren zu versehen. Nicht selten muss hier geprüft werden, ob Schutz nach geistigem Eigentumsrecht besteht oder bereits traditionell genutzte Sorten verkauft werden. *Kleinbauern* erhalten bei Bedarf verbesserte Sorten von kleinen lokalen Unternehmen, Nichtregierungsorganisationen (NGOs) oder durch den mexikanischen Privatsektor (vgl. ebd.).

> Lastly, CIMMYT is an important source of germplasm for the industry: its materials were used in 33.3% of the cultivars released by public organizations between 1966 and 1997, while 81.3% of varieties released by the private sector in 1997 comprised such materials (ebd: 7).

Eines der großen multinationalen landwirtschaftlichen Forschungszentren ist das *International Maize and Wheat Improvement Centre* (CIMMYT). Das Unternehmen versorgt nationale

28

Saatgutkonzerne als auch den Privatsektor und NGOs mit verbessertem Saatgut (vgl. ebd.: 6 f.).

Durch die Versorgung von Maisbauern mit verbesserten Sorten waren geistige Eigentumsrechte in der mexikanischen Landwirtschaft bereits in der Vergangenheit von zentraler Bedeutung. Zum einen, da sie Forschung und Entwicklung von Privatunternehmen durch Lizenzgebühren auf Innovationen schützten, zum anderen ermöglichten sie Maisbauern den Zugang zu verbesserten Sorten und Erfindungen. Der Kauf von verbessertem Saatgut hatte hier eine Konzentration der Maisindustrie sowie einen Anstieg des Preises für Saatgut zur Folge.

Für den weiteren Verlauf dieser Arbeit ist es wichtig zu betonen, dass geistige Eigentumsrechte in der Vergangenheit und in der Zukunft, für verschiedene Maisbauern unterschiedliche Rollen spielten und spielen.

3.2.2 Die Agrarindustrie und die mexikanischen Bauern

Der Beitritt Mexikos zu NAFTA im Jahre 1994 und das Ausbleiben agrarpolitischer Entwicklungsprojekte seitens der Regierung eröffneten besonders in den vergangenen Jahren Möglichkeiten für Unternehmen, die nationale Entwicklung zu beeinflussen.

> Contract farming is an intermediate institutional arrangement that allows firms to participate in, and exert control over, the production process without owning or operating the farms. Contract farming can thus become a viable institutional response to imperfections in credit, production inputs, and insurance and information markets (Rivera 2009: 93).

Bereits in den vergangenen Jahren sind mexikanische Bauern Verträge mit agrarindustriellen Konzernen eingegangen, um die eigene Maisproduktion zu steigern und dauerhaft profitabler wirtschaften zu können (vgl. ebd.). Eine damit verbundene Kontrolle der Unternehmen über den Produktionsprozess wird dadurch gerechtfertigt, dass – ohne agrarpolitisches Eingreifen der nationalen Regierung – die Kleinbauern eigenständig nicht neben einem Markt bestehen können, in welchem Unternehmen exportorientiert wirtschaften und Zugang zu technischem Fortschritt und Krediten haben. In den Vereinigten Staaten wird die landwirtschaftliche Produktion von Gütern von der Regierung subventioniert, und seit dem Jahre 2008 ist eine zollfreie Einfuhr[21] von Mais nach Mexiko möglich. Die notwendige Wettbewerbsfähigkeit soll bäuerlichen Betrieben durch vertraglich geregelte Kooperation mit Konzernen und Zugang zu Wettbewerbsmärkten ermöglicht werden, ohne gleichzeitig mit zu hohen Transaktionskosten belastet zu werden (vgl. ebd.). Der Vertragsanbau soll dabei sowohl den kleinbäuerlichen Betrieben, als auch den agrarindustriellen Konzernen zu Gewinn verhelfen. Technische Unterstützung, effizienterer Einsatz von Arbeitskräften, die Nutzung technisch entwickelter Produkte, die Bereitstellung von Landmaschinen sowie der Zugang zu Krediten sollen einerseits kleinbäuerlichen Betrieben ermöglichen, dauerhaft Profit zu erwirtschaften und die

---

[21] Seit 2008 ist nach NAFTA eine gänzlich zollfreie Einfuhr landwirtschaftlicher Güter zwischen den USA und Mexiko möglich (vgl. United States Department of Agriculture: *North American Free Trade Agreement (NAFTA)*).

Dienstleistungen der agrarindustriellen Konzerne bezahlen zu können. Für die Unternehmen, andererseits, ergeben sich ebenfalls mehrere Vorteile: Die Profiterwirtschaftung erfolgt ohne Produktionsrisiko und es müssen keine Kredite für den Erwerb von Nutzflächen aufgenommen werden. Des Weiteren können die großen Konzerne für die nationale landwirtschaftliche Weiterentwicklung Bonuszahlungen seitens der Regierung erwarten. Letztere wird von weiteren Reformen auf der Mikroebene landwirtschaftlicher Kleinbetriebe entlastet und kann sich mit dem logistischen Ausbau und der Nutzung des verbesserten Produktionsergebnisses befassen (vgl. ebd.).

> It has been proven that at the micro level of the small agricultural producers (or their associations), past government policies have been either very limited in scope and results, or equally inefficient. [...] Given this scenario, the government should work on promoting development indirectly by providing incentives to agribusiness units and agricultural producers, improving marketing and distribution infrastructure, and supporting improvements in technology and education to their rural citizenry (ebd.: 93).

Die Verschiebung der Zuständigkeit von der Regierung zu agrarindustriellen Großkonzernen ist eine privatwirtschaftliche Alternative, um die ländliche Entwicklung voranzubringen. Diese war durch die Verwendung von Hybridmaissorten in der Vergangenheit oftmals auch mit Ertragssteigerungen verbunden (vgl. ebd.). Nach Ablauf des Moratoriums im Jahre 2010 wird auch der legale Anbau gentechnisch veränderter Maissorten zwischen agrarindustriellen Unternehmen wie Monsanto und mexikanischen Landwirtschaftsbetrieben vertraglich festgelegt. An dieser Stelle gewinnt der rechtliche Unterschied zwischen Sortenschutz und Patentschutz an Bedeutung.

Verschiedene Konzerne haben in den vergangenen Jahren eine Vielzahl von Patenten auf Saatgut angemeldet. Im Jahre 1996 meldete der Agrarkonzern Monsanto beispielsweise das Patent EP 546090 an, welches rechtlichen Schutz auf gentechnisch veränderte Pflanzen umfasst, „die gegen das firmeneigene Pflanzenvernichtungsmittel Roundup-Ready (Glyphosat) resistent gemacht wurden" (Greenpeace: *Monsanto: Patent auf Roundup Ready Pflanzen*). Dieses Patent auf herbizid-resistente Pflanzen, welches – neben Sorten wie Weizen, Reis, Sojabohnen, Baumwolle, Zuckerrüben – auch Saatgut für Mais umfasst, erstreckt sich nicht nur auf den Anbau der Pflanze, sondern auch deren Weiterzüchtung, deren Ernte sowie die Verwendung der Ernte in der Lebensmittelproduktion (vgl. ebd.).

Die Verträge zwischen den Bauern und Monsanto sind darauf ausgerichtet zu unterbinden, dass die Bauern Saatgut ihrer eigenen Ernte wieder aussäen. Um diese Abhängigkeit zu fördern, beziehungsweise einem Verstoß gegen die vertraglichen Regelungen vorzubeugen, wurde von agrarindustriellen Großkonzernen sogenanntes „Terminator-Saatgut" entwickelt, dessen Keime wegen einer vorherigen Sterilisierung bei einer Aussaat nicht wachsen können. Ebenfalls wurde die sogenannte „Trailor-Technik" entwickelt, welche ein Wachstum erst nach Aktivierung des Saatguts durch vom Unternehmen erhältliche Chemikalien ermöglicht (vgl. Greenpeace Aachen: *Gentechnik*).

Im Oktober 2009 kündigte das Unternehmen Monsanto in einer Presseerklärung an, vom mexikanischen Landwirtschafts- und Umweltministerium die Erlaubnis erhalten zu haben, im Bundesstaat Sonora probeweise gentechnisch veränderte Sorten anzubauen.

Este es el primero de muchos pasos para lograr los beneficios del maíz transgénico para los agricultores de México, lo cual les ayudará a aumentar su productividad utilizando menos recursos y como consecuencia mejorar su calidad de vida. [...] A través de estos ensayos, los científicos mexicanos podrán obtener datos científicos que nos ayudarán a obtener información valiosa sobre la mejor manera de gestionar este importante cultivo en el medio ambiente mexicano (Monsanto: *Monsanto recibe aprobación para los ensayos de campo de maíz en México*).

[Das ist der erste von vielen Schritten, damit die mexikanischen Bauern die Vorzüge des gentechnisch veränderten Mais erreichen können; auf diese Weise wird es ihnen möglich, die Produktion unter geringerer Mittelverwendung zu erhöhen und dadurch die Lebensqualität zu verbessern. [...] Durch die Proben können mexikanische Wissenschaftler wertvolle wissenschaftliche Daten erhalten, um die bestmögliche Anbauweise herauszufinden und in die mexikanische Umwelt zu integrieren.]

Die Ergebnisse der Ernte aus den probeweisen Anbauflächen, welche im Oktober 2009 besät wurden, sollen im Mai 2010[22] den mexikanischen Zuständigen vorgestellt werden (vgl. ebd.). Auf diese Weise hofft Monsanto, etwaige Zweifel aus dem Weg zu räumen, welche die mexikanische Regierung im Bezug auf die Einführung gentechnisch veränderter Maissorten in Mexiko bisher gehabt hat. Laut der Presseerklärung sei der probeweise Anbau von der Regierung detailliert ausgearbeitet worden und eine ausführliche Überprüfung der Ergebnisse vorgesehen. Bis März 2010 solle ein politischer Rahmen ausgearbeitet werden, der sich mit Themen wie Biosicherheit und Biotechnologie befasse; anschließend sei es dann möglich, mit der Entgegennahme und Bearbeitung von Genehmigungsanträgen für Feldversuche mit gentechnisch verändertem Saatgut zu beginnen. Ebenfalls in der Presseerklärung erwähnt werden die von Monsanto entwickelten Sorten, welche von lokalen Feldforschern versuchsweise angebaut wurden. Hierbei handelt es sich um folgende gentechnisch veränderten Maissorten (vgl. ebd.):

- NK603: Diese Sorte gentechnisch veränderten Saatguts wird zur Produktion von Lebensmitteln sowie von Futtermitteln verwendet und gehört zu den herbizid-resistenten Pflanzengruppen. Dieser *Roundup-Ready-Mais* gehört zu Saatgut, welches von Monsanto in Kombination mit dem eigens entwickelten Herbizid *Roundup* verkauft wird und durch eine Einsparung an Herbizidmenge die Umwelt schonen soll (vgl. Monsanto: *Roundup-Ready®-Mais*).

- MON89034 x NK603: Diese Kreuzung zweier gentechnisch veränderter Sorten gehört zu den herbizid-resistenten und insekten-resistenten Pflanzengruppen. Sie wird zur Herstellung von Lebensmitteln sowie Futtermitteln verwendet und ebenfalls in Kombination mit dem Herbizid *Roundup* verkauft (vgl. TransGen: *MON89034 x NK603*).

---

[22] Nähere Informationen lagen zum Zeitpunkt der Fertigstellung der Arbeit noch nicht vor.

- MON89034 x MON88017: Diese aus zwei gentechnisch veränderten Maissorten ge-
kreuzte Sorte besitzt ebenfalls eine Insekten- sowie Herbizidresistenz, und wird zur Produktion von Lebens- sowie Futtermitteln verwendet (vgl. TransGen: *MON89034 x
MON88017*).

Der versuchsweise Anbau von gentechnisch verändertem Mais umfasst, laut der Presseerklärung seitens Monsanto, diese Maissorten und wird von lokalen Feldforschern durchgeführt.
Dabei sollen wissenschaftliche Daten bezüglich agronomischer sowie ökologischer Aspekte
zur Effektivität des Saatguts auf mexikanischen Nutzflächen, zur Bekämpfung der Schädlinge
als auch zur Toleranz gegen die Herbizide und ökologischen Interaktionen gesammelt werden. Letztendlich soll durch den versuchsweisen Anbau die Möglichkeit entstehen, die Ergebnisse mit weltweit vorgenommenen Untersuchungen zu vergleichen. Auch für die beiden
Staaten Sinaloa und Tamaulipas hat Monsanto die Erlaubnis für den versuchsweisen Anbau
gentechnisch veränderter Sorten erhalten, der ähnlich wie in Sonora ablaufen wird (vgl. Monsanto: *Monsanto recibe aprobación para los ensayos de campo de maíz en México*).

4. Sozio-ökonomische Konsequenzen für den Maisanbau in Mexiko

Die Einführung von gentechnisch verändertem Saatgut und der damit verbundene Einsatz spezieller Pestizide stellt für die mexikanischen Bauern eine große ökologische Gefahr dar. Die Bedeutung des Erhalts der biologischen Vielfalt für die Stabilität von Ökosystemen[23] ist unklar, und mögliche Auswirkungen für Populationen, genetische Ressourcen sowie den weiteren Evolutionsverlauf sind nur schwierig abzuschätzen (vgl. Görg 2002: 24).

Auch der zeitliche Rahmen, in dem sich nach Legalisierung der Gentechnik eine Kontamination der konventionellen Maissorten vollzieht, ist schwierig einzuschätzen, und das Ausmaß der genetischen Veränderungen bleibt unklar. Zum einen, da die konventionellen Sorten nicht getrennt behandelt, sondern unter der Bezeichnung *maíz criollo* zusammengefasst werden (vgl. CCA la Comisión para la Cooperación Ambiental: *Maíz y Biodiversidad. Efectos del maíz transgénico en México*). Zur Anbauhäufigkeit der verschiedenen Sorten werden ebenfalls keine statistischen Daten erhoben. Zum anderen hängt es von verschiedenen Faktoren ab, wie viele Generationen die genetische Veränderung bestehen bleibt oder ob sie sich beständig in der kultivierten Maissorte manifestiert. Dabei ist von Bedeutung, ob die Bestäubung einmalig oder beständig stattfindet. Zudem beeinflussen die Art der genetischen Veränderung sowie die Größe des bestäubten Maisfeldes die Beständigkeit der Gene, und es ist von großer Wichtigkeit, ob sich die Veränderung schädlich, förderlich oder neutral auf die Maispflanze auswirkt (vgl. ebd.).

Durch die Kontamination der konventionellen Maissorten werden den Bauern die Möglichkeiten genommen, bei veränderten Umweltbedingungen wie langen Trockenperioden oder Plagen zum Schutz der Maisernte mit bekannten und an die Umweltbedingungen angepassten Maissorten zu reagieren. Auf die natürlichen Sorten, welche insbesondere durch die indigene Bevölkerung unter evolutionsbedingten Gesichtspunkten selektiert, untereinander getauscht und in einem variablen Rhythmus angebaut wurden und heute noch immer werden, können sie dann nicht mehr zurückgreifen. Zudem besteht die Gefahr, dass die alten Traditionen der Maya gänzlich verloren gehen: Der traditionelle Maisanbau kann ohne die Nutzungsmöglichkeit der natürlichen genetischen Ressourcen nur schwierig fortgesetzt werden.

Das Angebot einer beschränkten Anzahl gentechnisch veränderter Maissorten durch Großkonzerne sowie der Verlust der traditionellen Sorten hätte für die mexikanischen Bauern eine erhebliche Abhängigkeit von den Großkonzernen zur Folge. Weil sie bei extremen Anbaubedingungen ihr traditionelles Wissen nicht mehr anwenden könnten, kann diese Abhängigkeit zur Bedrohung der eigenen Existenz werden. „Eine ähnliche Situation auf den Philippinen

---

[23] Ein Ökosystem bezeichnet eine ökologische Funktionseinheit. Diese setzt sich aus der Gesamtheit biotischer Organismen (Tiere und Pflanzen) zusammen, welche einen abiotischen (unbelebten) Lebensraum besiedeln (vgl. Katalyse Institut für angewandte Umweltforschung, Umweltlexikon Online: *Ökosystem*).

zeigte, dass letztlich die Produktion [gentechnisch veränderter Sorten unter Vertragsanbau] keinesfalls ertragreicher ist, dafür die Kosten zwei- bis sechsmal höher sind als bei konventionellem Anbau" (von Kovatsits: *Mexiko öffnet sich weiter der Gentechnik*). Bereits in den vergangenen Jahren richteten Missernten, bei welchen zuvor gv-Saatgut von Monsanto ausgesät wurde, erheblichen sozialen und ökonomischen Schaden an – wie beispielsweise in Indien, wo sich in den vergangenen Jahren mehrere tausend Bauern das Leben nahmen, weil sie die für Saatgut, Dünger und Pestizide aufgenommenen Kredite durch den fehlenden Ernteertrag nicht mehr begleichen konnten (vgl. naturkost.de: *Suizide wegen Gen-Missernten. Indische Baumwoll-Bauern verzweifelt*).

Insbesondere die Herbizid-resistenten Pflanzen von Monsanto müssen, so wird es vertraglich fixiert, in einer Kombination von Saatgut und dem Pestizid *Roundup* abgenommen werden (vgl. von Kovatsits: *Mexiko öffnet sich weiter der Gentechnik*). Die stetige Nutzung dieser Pestizide kann die bereits nährstoffarmen Nutzflächen Mexikos dauerhaft einseitig belasten sowie nach gewisser Zeit Schädlingsresistenzen hervorrufen, was wiederum einen noch höheren Einsatz an Pestiziden vonnöten macht und unvorhergesehene Nebenwirkungen auf andere Organismen haben kann. „Seed varieties favored by modern agriculture require large amounts of chemical inputs and are bred for low-stress environmental conditions not suitable for the small-scale farmers in Mexico" (Zietz & Seals 2006: 5). So haben Studien anderer Länder bereits ergeben, dass gerade gentechnisch veränderte Pflanzensorten dauerhaft eine erhöhte Verwendung von Pestiziden verursachen und den oftmals extremen Umweltbedingungen von Entwicklungsländern nicht gewachsen sind (vgl. ebd.).

Des Weiteren wird die Abhängigkeit mexikanischer Bauern von agrarindustriellen Konzernen durch die in Kapitel 3.2 ausgeführten rechtlichen Aspekte erheblich verstärkt. Um die mit der Verwendung von gv-Mais verbundenen Lizenzgebühren bezahlen zu können, ist eine weitgehende Umstrukturierung von Subsistenzwirtschaft zu einem profitorientiertem Anbau vonnöten, und die Vertragsproduktion ist mit Kreditaufnahmen und der Erfüllung vertraglich festgelegter Regelungen verbunden. Die entstehende Abhängigkeit und die Grundproblematik, welche sich durch den Anbau gentechnisch veränderter Sorten ergibt, wird im Folgenden anhand von zwei Fallbeispielen verdeutlicht. Im ersten Fall findet eine nicht vorhergesehene Kontamination des Maisfeldes eines Bauern statt, im zweiten Fall wurde das gv-Saatgut von einem Bauern wissentlich gesät.

Fallbeispiel 1

Der mexikanische Bauer A pflanzt gentechnisch verändertes Saatgut, welches er von Monsanto käuflich erworben hat, sein Nachbar Bauer B eine konventionelle Sorte. Nun ist es möglich, dass das Feld von Bauer A das Feld von Bauer B bestäubt, und das gentechnisch veränderte Gen, auf welches Monsanto ein Patent hält, in der Ernte von Bauer B enthalten ist. Bauer B legt Saatgut aus seiner Ernte zurück, um es, nicht ahnend, dass in diesem ein patentrechtlich geschütztes Gen enthalten ist, in der nächsten Saison wieder auszusäen. Ähnliche

Fälle werden durch den traditionellen Tausch von Saatgut,[24] insbesondere durch die indigene Bevölkerung, gefördert.

Es wird nun angenommen, dass ein Kontrolleur des Monsanto-Konzerns die Maispflanze von Bauer B untersucht und feststellt, dass Bauer B die gentechnische Veränderung nutzt, ohne dafür Lizenzgebühren zu zahlen. In jedem Fall einer Kontamination durch gentechnisch veränderte Maissorten müsste nun geprüft werden, ob eine Patentrechtsverletzung vorliegt. Wenn ja, würde nach den Bestimmungen der WTO innerhalb des Patentrechts verhandelt und über Bauer B würden gegebenenfalls nachträgliche Kompensationen beziehungsweise Lizenzgebühren verhängt werden.

> Bereits 2006 unterhält Monsanto eine riesige Rechtsabteilung, deren alleinige Aufgabe es ist, Bauern zu verklagen, die Lizenzgebühren nicht bezahlen. Dabei spielt es keine Rolle, ob der Bauer wirklich Monsanto Saatgut vom letzten Jahr wieder ausgesät hat [...] oder ob sein Feld durch Pollenflug von Nachbarfeldern kontaminiert wurde (Greenpeace Aachen: *Gentechnik*).

In den Vereinigten Staaten ziehen es Bauern daher häufig vor, Saatgut von Monsanto zu kaufen, als das Risiko einer Anklage einzugehen. Die Bauern müssen sich außerdem vertraglich dazu verpflichten, Monsanto nicht zu verklagen, sofern das Saatgut nicht die gewünschten Ergebnisse erzielt (vgl. ebd.).

Fallbeispiel 2

Bauer B geht eine Vertragsbeziehung mit Monsanto ein, durch welche er sich für die Abnahme der gentechnisch veränderten Maissorte entscheidet. Dabei verliert er das Recht, die Ernte wiederauszusäen und räumt dem Unternehmen weiterhin das Recht zu regelmäßigen Kontrollen der Felder ein. Möchte Bauer B in der nächsten Saison sein Feld erneut besäen, bleiben ihm die beiden Möglichkeiten, Lizenzgebühren für die erneute Anwendung der Ernte als Saatgut oder die Wiederbeschaffung einer gv-Sorte zu entrichten oder sich anderweitig Saatgut zu beschaffen, welches keine gentechnische Veränderung enthält. Beide Möglichkeiten sind nur mit ausreichenden Finanzmitteln – wenn überhaupt – zu bestreiten, und der Bauer wird auf diese Weise in die Abhängigkeit von unternehmerisch tätigen Dritten getrieben, wenn er sein Feld weiter bestellen will.

Bei der Legalisierung von gv-Mais in Mexiko wird die Gefahr eines sich verselbstständigenden Prozesses deutlich. Je mehr gentechnisch verändertes Saatgut von Bauern gesät wird, desto schneller breitet sich die gentechnische Veränderung auf die Landsorten aus. Je weniger Landsorten vorhanden sind, desto abhängiger sind die Bauern von Saatgutkonzernen. Nach einem gewissen Zeitpunkt gerät Bauer B also in beiden dargestellten Fällen in eine Zwangslage, nämlich sobald er auf keine konventionellen Sorten mehr zurückgreifen kann. „Monsanto will seine Samen an die Bauern verkaufen, getreu seinem Motto: ‚Es wird keine Pflanzen geben, die nicht unser Eigentum sind'" (Enciso L. 2010: 1). 80% des bereits gehandelten

---

[24] Es gehört zu den Traditionen der indigenen Bevölkerung das Saatgut untereinander zu tauschen um die Entwicklung neuer Maissorten zu fördern und um auch anderen Bauern den Zugang zu besonders adaptiven und nährstoffreichen Sorten zu ermöglichen.

Saatguts sind Eigentum von Monsanto; das Recht, dieses Saatgut zu verwenden, haben bereits viele Bauern durch den Patentschutz sowie die vertraglich fixierten Regelungen verloren (vgl. ebd.).

Auch für die Gesundheit der Bauern und für die restliche mexikanische Bevölkerung stellt der Anbau gentechnisch veränderter Sorten eine erhebliche Gefahr dar. Während einerseits die gesteigerte Verwendung von Pestiziden eine gesundheitliche Mehrbelastung insbesondere für die ländliche Bevölkerung darstellt, sind andererseits für die verwendeten gv-Sorten meist keine Langzeitstudien zu gesundheitlichen Folgen vorhanden. Agrarindustrielle Konzerne sparen „die Kosten für ausgiebige Risikountersuchungen und für Langzeitstudien ein und verkaufen Saatgut, dessen Nebenwirkungen völlig unzureichend oder gar nicht überprüft wurden" (Greenpeace Aachen: *Gentechnik*). Eine bereits 2007 durchgeführte Studie der französischen Expertengruppe *Committee for Independent Research and Information on Genetic Engineering* (CRIIGEN) ergab beispielsweise, dass der 2009 in Mexiko probeweise angebaute Mais NK603 gesundheitsbedenklich ist. Nach einer 90-tägigen Fütterung von Ratten mit dieser Sorte ergaben sich signifikante Veränderungen, die „Blut- und Urinwerte ebenso wie das Gewicht von Hirn, Herz und Leber" (Genfood – Nein Danke!: *Gen-Mais NK603*) betreffend. Der Konzern Monsanto hingegen kam in eigenen Studien zu dem Ergebnis, dass eine Fütterung von Ratten mit gv-Mais gleichwertig wie eine Fütterung mit konventionellem Mais sei, dass beide Sorten daher auch gleich sicher seien und sich somit beide zur Lebensmittelproduktion eigneten.

5. Ausblick

Nuestra postura respecto a los transgénicos es un rotundo no: ya que nuestra red y el trabajo que hemos venido desarrollando con las familias campesinas y indígenas, durante los últimos 10 anos, ha sido sobre la construcción de otras alternativas para el campo jalisciense, desde la perspectiva agroecológica en donde uno de sus fundamentos es revalorar el conocimiento campesino e indígena. La autorización de cultivos transgénicos es un atentado a nuestra vida y a nuestra cultura de maíz (Greenpeace: *¿Agricultura ecológica? ¡Sí, gracias!*).

[Unsere Haltung gegenüber gentechnisch veränderten Sorten ist ein entschiedenes Nein: Unser Netzwerk sowie die Arbeit, die wir in den vergangenen 10 Jahren mit den bäuerlichen Familien sowie mit der indigenen Bevölkerung vorangetrieben haben, hat Alternativen aus ökologischer Sicht für das Feld in Jalisco[25] geschaffen; bei diesen ist es fundamental, das Wissen der Bauern sowie der indigenen Bevölkerung neu zu bewerten. Die Zulassung gentechnisch veränderter Maissorten ist ein Angriff auf unser Leben und unsere Maiskultur.]

Seit der Legalisierung des versuchsweisen Anbaus gentechnisch veränderter Maissorten protestieren, unter anderem, mexikanische Bauernverbände gegen eine Einführung der Gentechnik. Während der *Agricultural Biotechnologies in Developing Countries Conference*, durchgeführt von der Ernährungs- und Landwirtschaftsorganisation der Vereinten Nationen (FAO), die vom 1. - 4. März 2010 in Guadalajara, Mexiko, stattfand, protestierten mexikanische Bauern für eine Selbstversorgung mit Lebensmitteln ohne die Verwendung gentechnisch veränderter Sorten (vgl. ebd.). FAO solle, so die Forderung der Bauern, ein langfristig nachhaltiges Landwirtschaftsmodel veranlassen. Des Weiteren sei eine Einführung gentechnisch veränderter Sorten mit der Begründung, die Nachfrage der stark wachsenden Bevölkerung könne durch die konventionellen Sorten nicht gedeckt werden, für Mexiko nicht haltbar. Es gebe eine Alternative, erklärten die protestierenden Landwirtschafts- und Bauernverbände. Das in den vergangenen Jahren entwickelte *Programa Especial de Maíz de Alto Rendimiento* (PROEMAR) [Spezialprogramm für einen hohen Maisertrag] konnte bei geringer Bewässerung 2360 kg Mais pro Hektar hervorbringen. Im Gegensatz dazu seien in Sinaloa, dem sonst produktivsten Staat Mexikos, jährlich nur 279 kg Mais pro Hektar geerntet worden. Der Ertrag der 6 Hektar großen Versuchsflächen konnte gehalten werden, obwohl zwei der heißesten Sommer Mexikos seit 68 Jahren aufeinanderfolgten. Würde man 50% der bisherigen Anbauflächen in Mexiko auf diese Weise bewirtschaften, könnte man, nach Meinung der Verbände, bei gleicher Nachfrage innerhalb eines Jahres eine Selbstversorgung des Landes durch Mais erreichen, ohne gentechnisch veränderte Produkte zu verwenden. Einige Bauernverbände arbeiten seit einigen Jahren zusammen mit den Bauern und der indigenen Bevölkerung an dem Projekt, um unter Einbeziehung des Klimawandels eine nachhaltige Versorgung durch traditionelle Maissorten erreichen zu können. Auf diese Weise könnten die konventionellen Sorten erhalten und die mexikanische Biodiversität geschützt werden (vgl. ebd.).

Zu einer Legalisierung des versuchsweisen Anbaus gentechnisch veränderter Maissorten haben, bei näherer Betrachtung, nicht alleine die globalen Zusammenhänge zwischen dem Klimawandel, der Bioethanol-Herstellung sowie der steigenden Maisnachfrage geführt. Auch

---

[25] Jalisco ist ein Bundesstaat in Westmexiko.

die Ziele der mexikanischen Regierung haben sich als ambivalent erwiesen: So hat Präsident Vicente Fox es sich nach den Wahlen im Sommer 2000 zur Aufgabe gemacht „durch liberale Reformen ‚das Land aus der Unterentwicklung herauszuführen und Millionen von Armen eine Chance zu geben‘, gleichwohl werde seine Regierung eine ‚Regierung von Unternehmern für Unternehmer sein‘" (Moro 2007: 86). In dieser Aussage wird die Gespaltenheit der Regierung deutlich und es stellt sich die Frage, wie beide Ziele in der Realität umzusetzen beziehungsweise auch in der Zukunft miteinander vereinbar sein sollen. Die Erschließung neuer nationaler sowie internationaler Märkte förderte Fox in den vergangenen Jahren durch die Privatisierung staatlicher Unternehmen, wie die Elektrizitätswerke und die Erdölindustrie. Große strukturelle Veränderungen, insbesondere des mexikanischen Südwestens, suchte er im *Plan Puebla-Panama* (PPP) umzusetzen. Mit Hilfe der Weltbank und der Interamerikanischen Entwicklungsbank (IDB) sollen mehrere Milliarden Dollar in den Bau von Autobahnen und die Erschließung von Erdöl- und Wasserressourcen Mexikos fließen als auch in der Biotechnologie tätige Unternehmen gefördert werden. „Laut Vorstellung der Weltbank ist die Provinz Chiapas ‚ein besonders interessantes Gebiet für biotechnologische Versuche und die Nutzung der Artenvielfalt‘" (Moro 2007: 86).

Die Erschließung von nationalen sowie von internationalen Märkten ist für Entwicklungs- und Schwellenländer von großer Bedeutung, um in einem globalen Wettbewerbsmarkt bestehen zu können. Schwierig wird es, wenn eine nationale Entwicklung von der Regierung gefördert wird, welche die Existenz großer Teile der Bevölkerung bedrohen sowie die Ernährungssicherheit in Gefahr bringen kann. Die gesundheitlichen Folgen für die Bevölkerung durch eine hauptsächliche Ernährung durch gentechnisch veränderten Mais sind nur schwierig abzuschätzen und konnten in dieser Arbeit nicht ausführlich behandelt werden. Jedoch sei erwähnt, dass die bisher bekannten gesundheitlichen Risiken und das Fehlen von Langzeitstudien eine Bedrohung für die sichere Ernährung der mexikanischen Bevölkerung darstellen. Besonders wenn man bedenkt, dass Mais nicht nur das nationale Grund-, sondern teilweise auch das *einzige* Nahrungsmittel ist, welches breiten Teilen der mexikanischen Bevölkerung zu ihrer adäquaten Versorgung zur Verfügung steht. In Bezug auf die Biotechnologie kommt noch ein weiterer Aspekt hinzu: Sollte eine dauerhafte Ernährung durch gentechnisch veränderte Sorten große gesundheitliche und ökologische Schäden verursachen, kann die gentechnische Veränderung der konventionellen Sorten auch industriell kaum mehr rückgängig gemacht werden. Wegen den genannten Gründen ist es besonders wichtig, dass sich insbesondere die mexikanische Regierung und die Agrarkonzerne vor einer Legalisierung gentechnisch veränderter Maissorten in Mexiko ausführlich mit möglichen Konsequenzen und Gefahren auseinandersetzen, um diesbezüglich beiderseits Fehlentscheidungen zu vermeiden.

III. Bibliografie

Monografien

Beck, Barbara: *Mais und Zucker. Zur Geschichte eines mexikanischen Konflikts*, Berlin: Dietrich Reimer Verlag, 1986.

Bennholdt-Thomsen, Veronika: *Bauern in Mexiko. Zwischen Subsistenz- und Warenproduktion*, Frankfurt am Main: Campus Verlag, 1982.

Brücher, Heinz: *Die sieben Säulen der Welternährung*, Frankfurt am Main: Verlag von Waldemar Kramer, 1982.

Léger, Andréanne: *Intellectual Property Rights and their Impacts in Developing Countries. An Empirical Analysis of Maize Breeding in Mexico*, Institutional Change in Agriculture and Natural Resources ICAR Discussion Paper, Humboldt-Universität zu Berlin, 5/2005.

Riese, Berthold: *Geschichte der Maya*, Stuttgart: Verlag W. Kohlhammer GmbH, 1972.

Stangl, Rainer: *Gentechnik in der Landwirtschaft. Hintergründe, Risiken, gesetzliche Regelungen – Chancen für gentechnikfreie Lebensmittel aus gentechnikfreien Regionen*, Schwanenstadt, Verlag der Grünen Bildungswerkstatt OÖ, 2005.

Sammelbände

Sander, Hans Jörg: *Agrarreformen am Beispiel Mexikos*, in: Taubmann, Wolfgang (Hrsg.): Agrarwirtschaftliche und ländliche Räume, Handbuch des Geographieunterrichts Band 5, Aulis Verlag Deubner & Co Kg, 1999 S. 220 – 235.

Aufsätze aus Sammelbänden

Chavero, Elena Lazos: *Von der milpa zur Monokultur. Bedeutungen, Politik und Perspektiven in der mexikanischen Maisproduktion*, in: Kaller-Dietrich, Martina & Ingruber, Daniela (Hrsg): *MAIS. Geschichte und Nutzung einer Kulturpflanze*, Frankfurt am Main: Brandes & Apsel Verlag GmbH, 2001, S. 77.

Durand, Frédéric: *Leben mit dem Klimawandel*, in: Atlas der Globalisierung, le monde diplomatique, taz Verlags- und Vertriebs GmbH, Berlin, 2007, S. 16.

García Acosta, Virginia: *Mais und Weizen in prähistorischer und kolonialer Zeit*, in: Kaller-Dietrich, Martina & Ingruber, Daniela (Hrsg.): *MAIS. Geschichte und Nutzung einer Kulturpflanze*. Frankfurt am Main: Brandes & Apsel Verlag GmbH, 2001, S. 59 – 75.

Görg, Christoph: *Biodiversität – ein neues Konfliktfeld in der internationalen Politik*, in: Brand, Ulrich & Kalcsics, Monika (Hrsg.): *Wem gehört die Natur? Konflikte um genetische Ressourcen in Lateinamerika*, Frankfurt am Main: Brandes & Apsel Verlag GmbH, 2002, S. 18 – 26.

Kalcsics, Monika & Brand, Ulrich: *Planungssicherheit und Patente*, in: Brand, Ulrich & Kalcsics, Monika (Hrsg.): *Wem gehört die Natur? Konflikte um genetische Ressourcen in Lateinamerika*, Frankfurt am Main: Brandes & Apsel Verlag GmbH, 2002, S. 7 – 17.

Kaller-Dietrich, Martina: *Mais – Ernährung und Kolonialismus*, in: Kaller-Dietrich, Martina & Ingruber, Daniela (Hrsg.): *MAIS. Geschichte und Nutzung einer Kulturpflanze*, Frankfurt am Main: Brandes & Apsel Verlag GmbH, 2001, S. 32 – 33.

Kaller-Dietrich, Martina & Ingruber, Daniela: *Vorwort*, in: Kaller-Dietrich, Martina & Ingruber, Daniela (Hrsg.): *MAIS. Geschichte und Nutzung einer Kulturpflanze*, Frankfurt am Main: Brandes & Apsel Verlag GmbH, 2001, S. 9.

Moro, Braulio Alfonso: *Mexiko, Hinterhof der USA*, in: Atlas der Globalisierung, le monde diplomatique, taz Verlags- und Vertriebs GmbH, Berlin, 2007, S. 86 - 87.

Rivera, Juan M.: *Multinational Agribusiness and Small Corn Producers in Rural Mexico: New Alternatives for Agricultural Development*, in: Rivera, Juan M., Whiteford, Scott & Chávez, Manuel: *NAFTA and the Campesinos. The Impact of NAFTA on Small-Scale Agricultural Producers in Mexico and the Prospects for Change*, Chicago: University of Scranton Press, 2009.

Röser, Martin: *Biologie und Naturgeschichte des Mais*, in: Kaller-Dietrich, Martina & Ingruber, Daniela (Hrsg): *MAIS. Geschichte und Nutzung einer Kulturpflanze*, Frankfurt am Main: Brandes & Apsel Verlag GmbH, 2001, S. 35 - 42.

Samary, Chaterine: *Freihandel, das Prinzip des Stärkeren*, in: Atlas der Globalisierung, le monde diplomatique, taz Verlags- und Vertriebs GmbH, Berlin, 2007, S. 112.

Vogl, Christian R., Raab, Franz & Vogl-Lukasser, Brigitte: *Mais und milpa der Chol-Mayas im Tiefland von Chiapas/Mexiko. Das Management pflanzlicher, tierischer und struktureller Diversität als agrarökologische Subsistenzstrategie*, in: Kaller-Dietrich, Martina & Ingruber, Daniela (Hrsg.): *MAIS. Geschichte und Nutzung einer Kulturpflanze*, Frankfurt am Main: Brandes & Apsel Verlag GmbH, 2001, S. 43.

Zeitschriftenaufsätze

Carlsen, Laura: *Mexico after 10 years of NAFTA: The price of going to market*, in: Third World Resurgence, 2005, Nummer 182/183, S. 37 – 40.

CCA la Comisión para la Cooperación Ambiental [Umweltschutzkommission]: *Maíz y Biodiversidad. Efectos del maíz transgénico en México*, Conclusiones y Recomendaciones, 2004, http://www.cec.org/Storage/56/4839_Maize-and-Biodiversity_es.pdf, letzter Zugriff am 09.05.2010.

Clausing, Peter: *Geschäftsinteressen gegen Menschenrechte: Die mexikanische Gen-Maiskontroverse*, in: Infoblatt 67, Ökumenisches Büro München, S. 20 – 21, 2005, http://www.welt-ernaehrung.de/2005/12/01/geschaftsinteressen-gegen-menschenrechte-die-mexikanische-gen-maiskontroverse/, letzter Zugriff am 09.05.2010.

Artikel aus Tageszeitungen

Enciso Angélica: *Asusta a grupos europeos avance del maíz transgénico en México*, in La Jornada vom 27.02.2010, http://www.jornada.unam.mx/2010/02/27/index.php?section=sociedad&article=029n1s oc,letzter Zugriff am 09.05.2010; übersetzt von Hoyer, Bettina http://womblog.de/2010/03/06/gruppe-aus-europa-besorgt-ber-wachsenden-genmais-anbau-in-mexiko/, letzter Zugriff am 09.05.2010.

Enciso Angélica: *Exigen no levantar moratoria a siembra de maíz transgénico*, in: La Jornada vom 13.11.2003, http://endefensadelmaiz.org/Exigen-no-levantar-moratoria-a.html, letzter Zugriff am 09.05.2010.

Najar, Alberto: *Polémica por maíz transgénico en México*, in: BBC Mundo vom 23.10.2009, http://www.bbc.co.uk/mundo/ciencia_tecnologia/2009/10/091023_0801_mexico_transg enico_gtg.shtml, letzter Zugriff am 14.05.2010.

Internetquellen

bioSicherheit Gentechnik-Pflanzen-Umwelt: *Mexiko: Spuren von gentechnisch verändertem Mais bestätigt*, 2009, http://www.biosicherheit.de/de/aktuell/680.doku.html, letzter Zugriff am 09.05.2010.

bioSicherheit Gentechnik-Pflanzen-Umwelt: *PCR; Polymerase Chain Reaktion*, http://www.biosicherheit.de/de/lexikon/16.pcr_polymerase_chain_reaktion.html, letzter Zugriff am 20.04.2010.

bioSicherheit Gentechnik-Pflanzen-Umwelt: *Tortilla-Krise in Mexiko: Gv-Mais als Lösung?*, 2007 http://www.biosicherheit.de/de/aktuell/549.doku.html, letzter Zugriff am 09.05.2010.

bioSicherheit Gentechnik-Pflanzen-Umwelt: *transgen*, http://www.biosicherheit.de/de/lexikon/9.transgen.html, letzter Zugriff am 05.05.2010.

Bundesministerium für Bildung und Forschung: *Biotechnologie*, 2010, http://www.biotechnologie.de/BIO/Navigation/DE/Service/glossar.html?, letzter Zugriff am 19.04.2010.

Bundessortenamt: *Sortenschutz*, 2009, http://www.bundessortenamt.de/internet30/index.php?id=27, letzter Zugriff am 03.05.2010.

Carlsen, Laura: *die Hintergründe der Lateinamerikanischen Lebensmittelkrise*, 2008 http://www.quetzal-leipzig.de/lateinamerika/haiti/die-hintergrunde-der-lateinamerikanischen-nahrungsmittel-krise-19093.html, letzter Zugriff am 09.05.2010.

Cimmyt - Cereal Knowledge Bank: *What is an OPV?*, 2007 http://www.knowledgebank.irri.org/ckb/index.php/quality-seeds/what-is-an-opv, letzter Zugriff am 09.05.2010.

Das Informationszentrum für die Landwirtschaft: *Maisethanol ist kein Klimaschützer*, 2010, http://www.proplanta.de/Agrar-Nachrichten/agrar_news_themen.php?SITEID=1140008702&Fu1=1268606432, letzter Zugriff am 10.05.2010.

Der Bio Gärtner: *Fruchtwechsel*, 2010, http://www.bio-gaertner.de/Articles/I.Pflanzen-dieDatenbank/Gemuese-Salate_allgemein/FruchtfolgeFruchtwechsel.html, letzter Zugriff am 19.04.2010.

FAOSTAT – Food and Agriculture Organization of the United Nations: agricultural *production* domain: *area harvested* and *production quantity* of *maize* and *sugar cane* in *Mexiko* 2007, http://faostat.fao.org/site/339/default.aspx, letzter Zugriff am 09.05.2010.

Genfood – Nein Danke!: *Gen-Mais NK603*, 2007, http://www.naturkost.de/genfood/texte/nachrichten/20070619a.html, letzter Zugriff am 06.05.2010.

Geografie Lexikon: *cash crop*, 2009, http://www.gclasen.de/lexikon.htm, letzter Zugriff am 19.04.2010.

Greenpeace: *Monsanto: Patent auf Roundup Ready Pflanzen*, 2005,
http://www.greenpeace.de/themen/patente/patente_auf_leben/artikel/monsanto_patent
_auf_roundup_ready_pflanzen/ansicht/bild/, letzter Zugriff am 09.05.2010.

Greenpeace Aachen: *Gentechnik*, http://gruppen.greenpeace.de/aachen/gentechnik.html,
letzter Zugriff am 09.05.2010.

Greenpeace: *¿Agricultura ecológica? ¡Sí, gracias!*,
http://www.greenpeace.org/mexico/news/agricultura-ecol-gica-s-g, letzter Zugriff am
09.05.2010.

Harkness, Jim: *Who´s Afraid of the High Price of Corn?*, Institute for Agriculture and Trade
Policy, 2007 http://www.iatp.org/iatp/commentaries.cfm?refID=97429, letzter Zugriff
am 09.05.2010.

Ho, Mae-Wan & Ching, Lim Li: *Plädoyer für eine gentechnikfreie zukunftsfähige Welt*, Independent Science Panel, 2003, http://www.biosafety-
info.net/file_dir/853348855242dd421.pdf, letzter Zugriff am 09.05.2010.

Katalyse Institut für angewandte Umweltforschung, Umweltlexikon Online: *Ökosystem*,
http://www.umweltlexikon-online.de/fp/archiv/RUBsonstiges/Oekosystem.php, letzter
Zugriff am 09.05.2010.

Kovatsits, von Katinka: *Mexiko öffnet sich weiter der Gentechnik*, 2009,
http://www.boell.de/weltweit/lateinamerika/lateinamerika-6561.html, letzter Zugriff am
09.05.2010.

Liebig, Klaus: *Der Schutz geistiger Eigentumsrechte in Entwicklungsländern: Verpflichtungen,
Probleme, Kontroversen*, 2000, (Gutachten für die Enquete-Kommission „Globalisierung der Weltwirtschaft – Herausforderungen und Antworten"). Deutsches Institut für
Entwicklungspolitik. Berlin: Deutscher Bundestag (AU-Stud 14/5)
http://regierung.cjb.net/buecher/cd0002/bundestag/gremien/welt/gutachten/vg6.pdf,
letzter Zugriff am 03.05.2010.

Monsanto: *Monsanto recibe aprobación para los ensayos de campo de maíz en México*, 2009,
http://www.monsanto.es/noticias-y-recursos/comunicados-de-prensa/%5Btitle%5D,
letzter Zugriff am 09.05.2010.

naturkost.de: *Suizide wegen Gen-Missernten. Indische Baumwoll-Bauern verzweifelt*, 2006,
http://www.naturkost.de/meldungen/2006/060209genv2.htm, letzter Zugriff am
06.05.2010.

Sterling Sihi GmbH: *Bioethanol-Herstellung*, 2010,
http://www.sterlingsihi.com/cms/de/startseite/branchen-
anwendungen/industrie/nahrungsmittel-und-getraenkeindustrie/biodiesel-und-
bioethanolherstellung/bioethanolherstellung.html, letzter Zugriff am 19.04.2010.

The World Factbook, CIA: *Mexico*, 2010, https://www.cia.gov/library/publications/the-world-
factbook/geos/mx.html, letzter Zugriff am 17.04.2010.

TransGen – Transparenz für Gentechnik bei Lebensmitteln: *Gentechnik, Patente, Pflanzen:
Gewinnen Konzerne die Kontrolle über die Nahrung?*, 2008,
http://www.transgen.de/recht/patente/940.doku.html, letzter Zugriff am 09.10.2010.

TransGen - Transparenz für Gentechnik bei Lebensmitteln: *Eine Pflanze der Indios im kalten
Europa*, Aachen, 2006, http://www.transgen.de/aktuell/archiv/167.doku.html, letzter
Zugriff am 09.05.2010.

TransGen – Transparenz für Gentechnik bei Lebensmitteln: *Bt-Konzept: Mit den Waffen von Bakterien gegen Fraßinsekten*, Aachen, 2006, http://www.transgen.de/anbau/btkonzept/210.doku.html, letzter Zugriff am 09.05.2010.

TransGen – Transparenz für Gentechnik bei Lebensmitteln: *MON89034 x NK603*, http://www.transgen.de/zulassung/gvo/102.doku.html, letzter Zugriff am 05.05.2010.

TransGen– Transparenz für Gentechnik bei Lebensmitteln: *MON89034 x MON88017*, http://www.transgen.de/zulassung/gvo/103.doku.html, letzter Zugriff am 05.05.2010.

Umwelt-Lexikon: *Kontamination*, 2008, http://www.umweltdatenbank.de/lexikon/kontamination.htm, letzter Zugriff am 06.05.2010.

Umwelt-Lexikon: *Monokultur*, 2008, http://www.umweltdatenbank.de/lexikon/monokultur.htm, letzter Zugriff am 19.04.2010.

United States Department of Agriculture: *North American Free Trade Agreement (NAFTA)*, http://www.fas.usda.gov/itp/Policy/nafta/nafta.asp, letzter Zugriff am 07.05.2010).

Zietz, Joachim & Seals, Alan: *Genetically Modified Maize, Biodiversity, and Subsistence Farming in Mexico*, Department of Economics and Finance Working Paper Series, 2006, http://frank.mtsu.edu/~berc/working/Genetically%20modified%20maize%20-WP.pdf, letzter Zugriff am 09.05.2010.

Zimmermann, Matthias: *Mais (Zea mays)*, Natur-Lexikon, Eschborn, http://www.natur-lexikon.com/Texte/MZ/003/00224-Mais/MZ00224-mais.html, letzter Zugriff am 09.05.2010.

Abbildungen

Food and Agriculture Organization of the United Nations FAO: *FaoStat, PriceStat*, 2009, http://faostat.fao.org/site/570/default.aspx, letzter Zugriff am 09.05.2010.

Toepfer International: *Statistische Informationen zum Getreide- und Futtermittelmarkt Edition Dezember 2009*, S. 5, http://www.acti.de/media/Statistikbroschuere_November_2009.pdf, letzter Zugriff am 09.05.2010.

TransGen– Transparenz für Gentechnik bei Lebensmitteln: *USA: Anbau gv-Pflanzen 2009. Mais, Soja, Baumwolle: 88 Prozent gentechnisch verändert*, http://www.transgen.de/anbau/eu_international/189.doku.html, letzter Zugriff am 09.05.2010.

U.S. Census Bureau, International Data Base (IDB): *Mexico Demographic Indicators*, http://www.census.gov/ipc/www/idb/country.php, letzter Zugriff am 10.05.2010.

World Bank: *Income Generation and social protection for the poor. Executive Summary*, 2005, S. 113, http://www.wilsoncenter.org/news/docs/Income_Generation_and_Social_Protection_WB.pd, letzter Zugriff am 09.05.2010.